A MARAVILHA DOS SISTEMAS COMPLEXOS

Giorgio Parisi

A maravilha dos sistemas complexos
Uma jornada pelas descobertas da física contemporânea

com a colaboração de Anna Parisi

TRADUÇÃO
Silvana Cobucci

Copyright © 2021 by Mondadori Libri S.p.A., Milano

Grafia atualizada segundo o Acordo Ortográfico da Língua Portuguesa de 1990, que entrou em vigor no Brasil em 2009.

Título original
In un volo di storni: Le meraviglie dei sistemi complessi

Capa
Ale Kalko

Imagem de capa
Franke de Jong/ Shutterstock

Preparação
Giovana Bomentre

Revisão técnica
Alexandre Cherman

Revisão
Carmen T. S. Costa
Paula Queiroz

O Editor agradece a Emanuela Minnai pela inestimável contribuição com seu entusiasmo e sua competência, sem a qual este livro não teria visto a luz do dia.

Dados Internacionais de Catalogação na Publicação (CIP)
(Câmara Brasileira do Livro, SP, Brasil)

Parisi, Giorgio
  A maravilha dos sistemas complexos : Uma jornada pelas descobertas da física contemporânea / Giorgio Parisi ; com a colaboração de Anna Parisi ; tradução Silvana Cobucci. — 1ª ed. — Rio de Janeiro : Objetiva, 2022.

  Título original: In un volo di storni : Le meraviglie dei sistemi complessi.
  ISBN 978-85-390-0737-0

  1. Física 2. Mecânica estatística 3. Sistemas complexos I. Parisi, Anna II. Título.

22-117677   CDD-530.13

Índice para catálogo sistemático:
1. Mecânica estatística : Física   530.13

Eliete Marques da Silva — Bibliotecária — CRB-8/9380

[2022]
Todos os direitos desta edição reservados à
EDITORA SCHWARCZ S.A.
Praça Floriano, 19, sala 3001 — Cinelândia
20031-050 — Rio de Janeiro — RJ
Telefone: (21) 3993-7510
www.companhiadasletras.com.br
www.blogdacompanhia.com.br
facebook.com/editoraobjetiva
instagram.com/editora_objetiva
twitter.com/edobjetiva

Para minha esposa Daniella Ambrosino,
que sempre esteve ao meu lado

Sumário

Voando com os estorninhos	9
A física em Roma, há mais ou menos cinquenta anos	25
Transições de fase, ou os fenômenos coletivos	39
Vidros de spin: a introdução da desordem	55
Trocas de metáforas entre física e biologia	77
Como nascem as ideias	91
O sentido da ciência	105
Je ne regrette rien	113
Notas	121

Voando com os estorninhos

> *A questão das interações é importante, até para a compreensão de fenômenos psicológicos, sociais e econômicos. Concentramo-nos sobretudo em como cada componente do bando consegue comunicar-se para se movimentar de forma coerente, produzindo uma única entidade coletiva e múltipla.*

É fascinante observar o comportamento coletivo dos animais, sejam bandos de pássaros, cardumes de peixes ou manadas de mamíferos.

Ao entardecer, vemos as revoadas formando imagens fantasmagóricas, milhares de manchinhas pretas dançantes que se destacam num céu de cores em transição. Elas se movem todas juntas sem colidir nem se dispersar, superando obstáculos, tomando distância e voltando a se aproximar, reconfigurando continuamente sua disposição espacial, como se todas obedecessem ao comando de um maestro. Podemos observá-las indefinidamente, pois o espetáculo se renova sem cessar, assumindo formas variadas e inesperadas. No entanto, até diante dessa beleza genuína, a deformação profissional de um cientista às vezes se sobrepõe e ele não pode deixar de se fazer perguntas. Existe, de fato, um maestro ou o comportamento coletivo é auto-organizado? Como a informação se propaga com tanta velocidade por toda a revoada? Como as configurações podem mudar com tanta rapidez? Como são distribuídas as velocidades e as acelerações dos pássaros? Como podem girar ao mesmo tempo sem colidir? Bastam simples regras de interação entre os estorninhos para gerar movimentos coletivos articulados e variáveis como os que observamos nos céus de Roma?

Se somos curiosos e queremos encontrar a resposta para nossas perguntas, começamos a pesquisar: nos livros do passado, agora na internet. Quando temos sorte, encontramos as respostas; mas, quando não há respostas, quando ninguém as conhece, se somos *realmente* curiosos, começamos a nos perguntar se não cabe justo a nós encontrar a resposta. O fato de ninguém a ter encontrado antes não nos assusta, pois no fundo nosso papel é exatamente este: imaginar ou fazer o que ninguém fez antes. Contudo, não podemos passar a vida inteira tentando abrir portas blindadas sem ter a chave. Antes de começar, é preciso saber se temos as habilidades e os instrumentos técnicos para ir até o fim; ninguém pode nos dar a certeza do sucesso; temos de, metaforicamente, lançar o coração para além do obstáculo. Se o obstáculo for alto a ponto de o coração se chocar contra ele, é melhor desistir.

COMPORTAMENTOS COLETIVOS COMPLEXOS

O voo dos estorninhos me fascinava sobretudo por estar ligado não apenas ao fio condutor das minhas pesquisas, mas de inúmeros outros estudos da física moderna: compreender o comportamento de um sistema composto por um grande número de componentes (atores) que interagem entre si. Na física, dependendo dos casos, os atores podem ser elétrons, átomos, moléculas; eles têm regras de comportamento bem simples, mas, em conjunto, geram um comportamento coletivo muito mais complexo. A partir do século XIX, a física estatística procura responder a perguntas como estas: por que um líquido em determinadas temperaturas ferve ou congela; por que certas substâncias conduzem corrente elétrica e transmitem bem o calor (por exemplo, os metais), ao passo que outras são isolantes... Essas perguntas já foram respondidas há tempos, mas continuamos a buscar a resposta de outras.

Em todas essas questões da física, conseguimos compreender de maneira quantitativa como o comportamento coletivo surge partindo de simples regras de interação entre cada ator. O desafio era estender a aplicabilidade das técnicas de mecânica estatística das entidades inanimadas aos animais, como os estorninhos. Os resultados não seriam interessantes apenas para a etologia e a biologia evolutiva, mas, numa escala de tempo muito longa, poderiam levar a uma maior compreensão de fenômenos econômicos e sociais nas ciências humanas. Também nesse caso temos um grande número de indivíduos que se influenciam reciprocamente. É preciso compreender a ligação entre os comportamentos de indivíduos isolados e os comportamentos coletivos.

O grande físico norte-americano Philip Warren Anderson (prêmio Nobel de 1977) expôs essa ideia num instigante artigo de 1972 intitulado "More is Different", no qual afirmava que o aumento do número de componentes de um sistema determina uma mudança não apenas quantitativa, mas também qualitativa: o principal problema conceitual que a física teria de enfrentar era compreender as relações entre as regras microscópicas e o comportamento macroscópico.

BANDOS DE ESTORNINHOS

Para explicar uma coisa, primeiro temos de conhecê-la; nesse caso, faltava-nos um dado crucial: precisávamos entender os movimentos dos bandos no espaço, mas essa informação não estava disponível na época. De fato, todos os vídeos e fotografias de bandos então existentes (hoje podemos encontrá-los facilmente na internet) tinham sido registrados de um único ponto de vista, perdendo qualquer informação tridimensional. De algum modo, éramos como os prisioneiros no mito da caverna de Platão que, vendo apenas as sombras bidimensionais projetadas na parede da caverna, não podiam apreender a natureza tridimensional dos objetos.

E justamente essa dificuldade representava um outro motivo do meu interesse: o estudo do movimento dos bandos era um projeto completo. Incluía a concepção do experimento, a coleta e análise dos dados, o desenvolvimento de códigos de programação para as simulações, a interpretação dos resultados experimentais para chegar a conclusões.

Sabíamos que os métodos da física estatística, desde sempre o meu campo de pesquisa, seriam indispensáveis para a reconstrução tridimensional das trajetórias dos estorninhos, mas o que realmente me atraía era a possibilidade de participar do planejamento e da realização da parte experimental. Nós, físicos teóricos, geralmente ficamos distantes dos laboratórios e trabalhamos com conceitos abstratos. Resolver um problema real significa ter sob controle inúmeras variáveis, que, nesse caso, iam da resolução das lentes das câmeras à distância ideal entre as máquinas fotográficas, da capacidade de armazenamento de dados às técnicas de análise. Cada detalhe determina o sucesso, ou sua ausência, do experimento; quando se raciocina "numa escrivaninha" não se tem a mínima ideia dos inúmeros problemas que se encontram "em campo". Nunca gostei de ficar longe demais dos laboratórios.

Os estorninhos são animais extremamente interessantes. Há séculos viviam no norte da Europa nos meses quentes e passavam o inverno no norte da África. Agora, não apenas as temperaturas invernais aumentaram em decorrência do aquecimento global, mas nossas cidades ficaram muito mais quentes, quer pelo aumento de sua extensão, quer pela presença de múltiplas fontes de calor (calefação doméstica, trânsito). Muitos estorninhos já não atravessam o Mediterrâneo e passam o inverno em diversas cidades costeiras da Itália, Roma inclusa, onde os invernos são mais brandos que os do passado.

Os estorninhos chegam nos primeiros dias de novembro e partem no início de março. São bastante pontuais nesses deslocamentos: provavelmente o momento de sua migração não depende tanto da temperatura e sim de motivos astronômicos, como a duração da luz diurna. Em Roma, passam a noite em árvores perenes que os abrigam do vento; de dia, como o alimento é mais escasso na cidade, eles se deslocam para comer nos campos fora do anel viário em grupos pequenos, de cerca de cem indivíduos. São animais sociais acostumados a viver em grupo: ao pousar num campo, metade come tranquilamente enquanto a outra metade fica nas margens vigiando a possível chegada de um predador; ao chegar ao campo seguinte, os papéis se invertem. Ao final da tarde, voltam para o calor da cidade e, antes de pousar nas árvores, formam grupos extremamente numerosos que circulam no céu da capital. Apesar de tudo, ainda são animais sensíveis aos frios invernais: depois das noites em que sopra um forte e gélido vento norte, é fácil encontrar muitos estorninhos mortos sob árvores que ofereceram refúgio insuficiente.

Portanto, escolher bem o dormitório é uma questão de vida ou morte. É muito provável que essas coreografias aéreas vespertinas representem um sinal — visível também de longe — da presença de um dormitório adequado para passar a noite. É como agitar uma imensa bandeira, muito chamativa: eu mesmo, num claro crepúsculo invernal, pude ver a olho nu as evoluções dos bandos a uma dezena de quilômetros de distância; as manchinhas acinzentadas se movimentavam quase como amebas contra o fundo de um céu que ainda tinha uma sutil faixa de luz pouco acima do horizonte. Os primeiros grupinhos que vêm dos campos começam a dançar de maneira cada vez mais frenética com a diminuição da luz. Pouco a pouco, chegam os retardatários e, no final, bandos ficam com milhares de indivíduos que, cerca de meia hora depois do pôr do sol, quando a luz já desapareceu, se lançam repentinamente nas árvores do dormitório, que os absorvem quase como um sumidouro.

Muitas vezes, perto dos estorninhos aparece um falcão-peregrino, em busca do seu jantar; se não prestamos atenção, ele passa despercebido: o olhar está concentrado nos estorninhos e o falcão só é visto pelos poucos que o buscam. Embora o falcão-peregrino seja uma ave de rapina com envergadura de um metro, que num piscar de olhos pode atingir velocidades superiores a duzentos quilômetros por hora, os estorninhos não são uma presa fácil. De fato, uma colisão em voo com um estorninho poderia fraturar as frágeis asas do falcão, incidente de certo mortal. Assim, o falcão não ousa entrar no bando e tenta agarrar os indivíduos isolados nas bordas. Os estorninhos reagem ao ataque do falcão, aproximando-se uns dos outros, cerrando fileiras e mudando rapidamente de direção para escapar das garras fatais. Algumas das evoluções mais espetaculares dos estorninhos são causadas precisamente por suas tentativas de evitar os reiterados ataques do falcão-peregrino, que precisa fazer muitas tentativas antes de capturar uma presa. É provável que muitos dos comportamentos dos estorninhos sejam decorrentes precisamente da necessidade de sobreviver a esses temíveis ataques.

O EXPERIMENTO

Voltemos ao nosso projeto. A primeira dificuldade era obter uma imagem tridimensional do bando e da sua forma e, combinando várias fotos sucessivas, reconstruir um filme em 3D. Na teoria, era fácil e o problema poderia ser resolvido de forma simples: todos sabemos que, para ver em 3D, basta usar os dois olhos. Olhar simultaneamente de dois pontos de vista diferentes, ainda que próximos como os nossos olhos, permite que o cérebro "calcule" a distância de um objeto e assim construa imagens tridimensionais. Com um olho só, perde-se a noção de profundidade da imagem. Vocês podem experimentar esse fato facilmente ao fechar um olho e tentar pegar um objeto à sua frente: a mão o buscará mais longe ou mais perto do que está na realidade. Se tentarem jogar tênis ou pingue-pongue com um olho vendado, a derrota é certa. No entanto, esse sistema só funciona bem se conseguirmos identificar o pássaro na máquina fotográfica direita com o da máquina fotográfica esquerda, operação que pode se tornar um pesadelo quando cada foto contém milhares de pássaros.

Era evidente que tínhamos encontrado um belo desafio. Nos estudos presentes na literatura científica tinham sido construídas algumas fotos em 3D com no máximo vinte animais, identificando-os manualmente: nós queríamos construir vários milhares de fotos, cada uma com alguns milhares de pássaros. Obviamente não podíamos fazer isso manualmente e era preciso delegar a identificação ao computador.

Abordar um problema sem estar devidamente preparado é um convite ao desastre. Formamos um grupo em que havia não apenas físicos (além de mim, meu professor Nicola Cabibbo e dois de meus melhores alunos, Andrea Cavagna e Irene Giardina), mas também dois ornitólogos (Enrico Alleva e Claudio Carere). Em 2004, com o saudoso economista Marcello De Cecco e outros grupos europeus, encaminhamos um pedido de financiamento à Comunidade Europeia. O pedido foi aceito: podíamos começar, incluir mestrandos e doutorandos e comprar os equipamentos necessários.

Posicionamos nossas máquinas fotográficas no teto do Palazzo Massimo, sede do belíssimo Museo Nazionale Romano, diante da praça da Stazione Termini, naqueles anos (os primeiros dados foram recolhidos entre dezembro de 2005 e fevereiro de 2006) escolhida pelos estorninhos como um dos dormitórios mais populares. Usamos máquinas fotográficas comerciais da faixa mais alta porque as filmadoras disponíveis na época ainda tinham uma definição muito baixa. Duas máquinas fotográficas posicionadas à distância de 25 metros entre si nos garantiam a possibilidade de determinar a posição relativa de dois estorninhos a algumas centenas de metros de nós com uma precisão de cerca de dez centímetros: essa precisão era suficiente para distinguir os estorninhos que voam a cerca de um metro um do outro. A poucos metros de uma das duas, acrescentamos uma terceira máquina, que nos ajudava quando dois pássaros se sobrepunham numa das duas máquinas principais: essa terceira máquina nos deu uma ajuda fundamental em vários casos em que a reconstrução estava particularmente difícil.

As três máquinas tiravam fotos ao mesmo tempo, com a precisão de um milissegundo (tivemos de construir um circuito eletrônico simples para controlá-las), cinco vezes por segundo.

Na realidade, todos os postos tinham duas máquinas em contato entre si que tiravam fotos alternadamente, de maneira a duplicar a frequência das imagens: de fato, tirávamos dez imagens por segundo. No fundo, não estávamos muito piores que uma filmadora, que normalmente tira 25-30 imagens por segundo. Estávamos usando máquinas fotográficas, mas na realidade obtínhamos pequenos filmes.

Não vou me deter em todos os problemas técnicos do alinhamento das câmeras (feito com o fio esticado de uma linha de pesca), o foco e a calibragem, o armazenamento rápido da grande quantidade de megabytes de informação... Por fim, conseguimos, até pela perseverança de Andrea Cavagna, a quem cedi de bom grado o trabalho de direção das operações: é certamente um gestor muito melhor que eu, que também estava envolvido com vários outros trabalhos.

Obviamente, além de realizar as filmagens em 3D, uma operação muito difícil do ponto de vista técnico, também tínhamos de reconstruir as posições tridimensionais. Com os filmes em 3D das salas de cinema essa operação é fácil: cada olho vê o que foi filmado por uma máquina e depois o nosso cérebro, selecionado por uma evolução de milhões de anos, é totalmente capaz de criar uma visão tridimensional, localizando no espaço os objetos que vê. Nós tínhamos de cumprir uma tarefa semelhante utilizando algoritmos num computador, e essa era a segunda parte do desafio. Esgotamos todo o nosso repertório de análise estatística, de probabilidades, de sofisticados algoritmos matemáticos. Por longos meses, tememos não conseguir: às vezes nos propomos um problema muito difícil e voltamos de mãos abanando (não é possível prever). Por sorte, depois de um duro trabalho, criando os instrumentos matemáticos necessários, encontramos os estratagemas para resolver as dificuldades uma a uma e, um ano depois das primeiras fotos de qualidade, tínhamos as primeiras imagens reconstruídas tridimensionalmente.

O ESTUDO DO VOO

Embora estudar o comportamento dos estorninhos seja obviamente um trabalho para biólogos, o estudo quantitativo dos movimentos tridimensionais dos indivíduos requer uma análise que só pode ser feita por físicos. A análise simultânea de milhares de pássaros em centenas de fotos para reconstruir as trajetórias de cada exemplar no espaço e no tempo é uma atividade típica de nosso ofício. As técnicas adequadas para tais análises têm muito em comum com as técnicas desenvolvidas para resolver os problemas de física estatística ou para analisar quantidades maciças de dados experimentais.

Depois de quase dois anos de trabalho, éramos os únicos no mundo a ter imagens tridimensionais de grupos de estorninhos. Aprendemos muitas coisas simplesmente observando-as. Quando olhamos os bandos a olho nu do solo, uma das características mais impressionantes é ver como sua forma muda muito rapidamente; é difícil descrever para alguém que nunca assistiu ao fenômeno: no céu se movimentam objetos de diversas formas que de repente se tornam menores, mais compactos, depois voltam a se ampliar, mudam, ficam quase invisíveis, depois mais escuros. Há uma enorme variação em sua forma e em sua densidade.

Muitas simulações do voo, em que se tentava reproduzir esse comportamento no computador, partiam de bandos de forma substancialmente esférica. No entanto, as primeiras fotos tridimensionais nos mostraram que um bando se parece mais com um disco. Justamente por esse motivo vemos a forma variar rapidamente: um objeto em forma de disco, dependendo da direção da qual é observado, pode se tornar muito grande e redondo se visto de cima ou muito mais estreito se visto de lado. A enorme e rapidíssima variação de forma e densidade é, portanto, o efeito tridimensional da mudança da orientação do bando em relação a nós (explicação proposta por Nicola Cabibbo antes de fazer o experimento, mas sem os dados de observação não podíamos demonstrar que estava correto).

Por outro lado, ficamos muito surpresos ao descobrir que a densidade na borda é quase 30% maior que a densidade do centro. Os estorninhos ficam mais próximos uns dos outros quando estão perto das bordas do que no centro: um pouco como nos ônibus lotados, em que às vezes há mais pessoas perto das portas, onde se acumulam as que acabaram de subir no veículo, as que querem descer, bem como as que querem continuar no ônibus. Se ingenuamente consideramos os pássaros de um bando como partículas que se atraem, esperamos que a densidade seja maior no centro e diminua nas bordas; no entanto, era exatamente o oposto. Os bandos também têm bordas bem claras: raramente um pássaro isolado se afasta do grupo. Há muitas chances de esse comportamento ter uma origem biológica como defesa dos ataques dos falcões-peregrinos. Um pássaro isolado é uma presa fácil e quanto mais os pássaros da borda estão perto uns dos outros é mais difícil serem capturados pelo falcão; os pássaros das bordas tendem a se aproximar como defesa, mas os do centro não precisam se espremer para se sentir mais seguros: já estão protegidos por seus companheiros nas bordas.

Sempre olhando as fotos, descobrimos que cada pássaro tende a manter mais distância do companheiro à frente ou atrás em relação aos laterais. Um pouco como acontece com os carros na rodovia: é bem normal ter dois carros a dois metros de distância lateral, ao passo que é absolutamente desaconselhável manter apenas dois metros de distância do carro à nossa frente.

Além disso, a tendência dos pássaros a se distanciar daqueles à frente e a ficar mais próximos dos laterais está presente tanto nos grupos mais compactos (distância média de cerca de oitenta centímetros), como nos grupos muito mais esparsos (distância média de cerca de dois metros). Esse fenômeno não depende da distância entre os pássaros. É razoável supor que não seja decorrente de um problema de dinâmica — como acontece com os aviões, que devem ficar distantes entre si para evitar a turbulência dos outros —, do contrário o efeito seria muito menor quando os pássaros estão mais distantes. Deve-se à maneira como eles se orientam reciprocamente para manter as trajetórias sem colidir uns com os outros.

ALGO DE NOVO

Essa característica das posições dos estorninhos nos permitiu chegar a um resultado realmente inesperado: a interação entre os estorninhos não depende tanto da distância entre eles, e sim da conexão entre os pássaros mais próximos. Parece muito natural: se estou correndo com amigos e não quero ficar para trás, minha atenção se concentra no amigo mais próximo (que esteja a um ou dois metros de distância), sem me importar com o que faz um amigo mais distante. No fundo, em retrospectiva, era bastante evidente; no entanto, em física e em matemática é impressionante a desproporção entre o esforço para compreender uma coisa nova pela primeira vez e a simplicidade e a naturalidade do resultado após várias passagens por um programa estatístico. No produto acabado, tanto nas ciências como na poesia, não há vestígio do esforço do processo criativo e das dúvidas e hesitações que o acompanham.

Desde a lei da gravitação universal de Newton ("a força da gravidade entre dois corpos é inversamente proporcional ao quadrado da distância entre eles", lembram?), a física está acostumada com interações que dependem da distância. Só conseguimos enxergar que a distância tem um papel primordial na determinação da força da interação depois que os dados experimentais nos obrigam.

Como aconteceu no nosso caso? Primeiro expressamos quantitativamente as observações precedentes sobre a tendência dos pássaros a respeitarem uma maior "distância de segurança" com os companheiros à frente do que com os do lado: desse modo, definimos uma variável que denominamos *anisotropia* (em física, uma grandeza é anisotrópica se tem valores diferentes nas diferentes direções espaciais). Ao medir a anisotropia de pares de pássaros vizinhos numa sequência de fotos de determinado bando, encontrávamos um valor elevado, enquanto para os pássaros distantes o valor era praticamente nulo. Até aqui tudo bem: esperávamos que os pássaros distantes não tivessem a informação sobre sua posição recíproca e logicamente não haveria diferença entre suas distâncias laterais e frontais.

Os problemas sérios surgiram quando comparamos a anisotropia entre pássaros à mesma distância recíproca medida em diferentes sequências de fotos. Nada batia: às vezes a anisotropia para pássaros à distância de dois metros era muito grande; em outros conjuntos de fotos a anisotropia à mesma distância era completamente insignificante; os dados pareciam sem sentido. No final percebemos que comparar o comportamento de dois pássaros à mesma distância em bandos diferentes não funcionava, porque a distância entre os pássaros mais próximos pode variar muito de um bando para outro.

Mudamos a abordagem: definimos para cada pássaro o seu primeiro vizinho, ou seja, o companheiro mais próximo dele, o seu segundo vizinho, o seu terceiro vizinho... Descobrimos que a anisotropia era alta entre os primeiros vizinhos, menor entre os segundos vizinhos e se tornava praticamente nula entre os sétimos vizinhos. À primeira vista poderia parecer que não há maiores informações em relação à análise precedente: a anisotropia diminui com a distância. No entanto, as coisas mudam quando comparamos os bandos: a anisotropia era a mesma para os pares de primeiros vizinhos de bandos diferentes, ainda que a distância média entre esses pares num bando fosse mais que o dobro em relação a outro. A essa altura não precisávamos de grandes esforços intelectuais: os dados nos obrigavam a supor uma interação entre pássaros que não dependia da distância absoluta dos pares, e sim das relações relativas entre as distâncias.

Esse foi o resultado do nosso primeiro trabalho de 2008. Desde então muita água passou sob as pontes do rio Tibre. A composição do grupo de pesquisa mudou, eu passei a trabalhar em tempo integral com vidros, obtive novos financiamentos e equipamentos novos e muito mais avançados foram comprados: surgiram no mercado máquinas fotográficas capazes de tirar até 160 fotogramas de 4 megapixels por segundo.

Houve muito trabalho, novas ideias, novos algoritmos foram introduzidos: atualmente consegue-se determinar com uma precisão de alguns centésimos de segundo o momento em que cada pássaro começa a girar quando o bando dá uma guinada. Quase sempre um pequeno grupo que se encontra num lado começa a girar e num tempo muito curto — alguns décimos de segundo para os bandos pequenos e um segundo pleno para os bandos grandes — todos os pássaros o seguem. Ao final de uma longa análise dos dados e de delicadas considerações teóricas, percebemos que o comportamento quantitativo do bando, mesmo durante uma guinada, pode ser compreendido bem detalhadamente: os pássaros seguem regras simples, que foram reconstruídas de acordo com as medições efetuadas, e se movimentam com base na posição dos vizinhos. A informação sobre a guinada corre rapidamente entre um pássaro e outro, como um boca a boca muito veloz.

Nossas pesquisas mudaram completamente o paradigma usado até então para os estudos de bandos, cardumes e rebanhos. De fato, antes de nosso trabalho, dava-se como certo que a interação dependia da distância. A partir dele, ao contrário, é preciso considerar que a interação é sempre com os mais próximos. Mas talvez o resultado mais interessante tenha sido a prova concreta de que era possível mapear ao mesmo tempo a posição de milhares de pássaros e extrair desse conhecimento informações úteis para compreender o comportamento animal.

Nossos resultados só foram possíveis porque usamos técnicas quantitativas para o estudo estatístico do comportamento de um grupo muito numeroso de animais. Definimos novos padrões de pesquisa utilizando em biologia técnicas nascidas e desenvolvidas na física estatística para resolver problemas desordenados e complexos. Nem todos os biólogos gostaram da invasão de campo: alguns se mostraram muito interessados no resultado, ao passo que outros acharam a nossa pesquisa muito pobre em biologia e demasiado rica em matemática. O trabalho foi rejeitado por várias revistas que provavelmente se arrependeram amargamente: depois do grande sucesso de nosso primeiro artigo, agora citado em quase 2 mil publicações científicas, seguiram-se muitos outros.

A biologia está passando por um período de grande transformação: o conhecimento de um número de dados que aumenta sem cessar torna a utilização de métodos quantitativos não apenas possível, mas necessária. Pode-se fazer um uso tanto apropriado como despropositado desses métodos, dependendo muito do contexto. Em particular, na etologia, no estudo do comportamento animal, o excesso de matemática gera facilmente uma reação negativa. De fato, os etólogos buscam a causa de alguns comportamentos, ao passo que se poderia pensar que os métodos quantitativos são meramente descritivos e não chegam ao cerne da pesquisa etológica.

No entanto, o espírito de muitas disciplinas científicas mudou com o passar dos anos; mas isso aconteceu por meio de acirradas discussões sobre quais metodologias são científicas e relevantes e quais, ao contrário, devem ser rejeitadas por serem incapazes de responder às verdadeiras perguntas da disciplina. A esse respeito vêm à mente as cínicas palavras do grande Max Planck, o fundador da mecânica quântica: "Uma nova verdade científica não triunfa porque seus opositores se convencem e veem a luz, e sim porque por fim morrem, e no lugar deles se forma uma nova geração para a qual os novos conceitos se tornam familiares". Eu sou mais otimista que Planck: penso que, com muita boa vontade e com muita paciência, é possível — ao menos na maior parte dos casos — chegar a conclusões compartilhadas, ou pelo menos esclarecer os pontos de discordância.

A física em Roma, há mais ou menos cinquenta anos

> *Eu julgava — de maneira totalmente injusta — que a física era mais difícil que a matemática e, portanto, achei que fazer física seria mais instigante para mim, mais desafiador.*

É importante conservar a memória do passado, também e sobretudo no campo da ciência. Por isso, gostaria de relembrar meus primeiros anos de universidade e como era a física naquele tempo. Não sou historiador: falarei apenas de minhas lembranças, que são as de um físico teórico interessado na física das partículas elementares.

Matriculei-me na universidade em novembro de 1966. Na época os estudantes dos dois primeiros anos não podiam circular livremente pelo instituto de Física. Assistiam às aulas de física geral e de física experimental, mas nesses casos tinham de usar a porta de trás, porque não era considerado digno que bandos de estudantes entrassem e saíssem pela porta principal, ferreamente controlada por Agostino, o histórico porteiro da Física, que com uma memória formidável se lembrava de tudo e de todos. Agostino barrava os estudantes dos dois primeiros anos perguntando o que iam fazer ali. Como efetivamente a maior parte dos estudantes não ia fazer nada (exceto em ocasiões especiais), ele os expulsava apontando a porta traseira.

Éramos cerca de quatrocentos inscritos nas aulas do primeiro ano e não havia microfones: os professores tinham de gritar para se fazer ouvir. De longe o curso mais importante e formativo, as aulas de física geral eram ministradas por Edoardo Amaldi e Giorgio Salvini, defasadas havia anos. Eu caí na classe de Salvini, que era um showman, ao contrário de Amaldi, mais sisudo. Certa vez, Salvini trouxe uma cadeira giratória e se pôs a girar rapidamente com as pernas elevadas e dois pesados halteres de ferro na mão, demonstrando que girava mais rápido quando fechava os braços e reduzia a velocidade quando os abria. Os bailarinos conhecem bem esse fenômeno: para dar uma pirueta, começam com os braços abertos, que se fecham durante o giro. A aula terminou com o enunciado da lei da conservação do momento angular, que explicava o fenômeno observado.

Entrávamos pela porta dos fundos sobretudo para ir ao laboratório de Fisiqueta, assim chamado para diferenciá-lo da física geral, denominada Fisicona. As aulas eram realizadas num labirinto de salas subterrâneas (me lembro delas úmidas com o chão de cimento): em cada sala havia um experimento diferente a ser feito (pressão atmosférica, queda de um corpo num plano inclinado com pouco atrito, medida da energia necessária para derreter o gelo...). Íamos em grupos de trinta: dez mesas por sala e três pessoas em cada mesa, um trio que durava todo o ano letivo. Numa situação como essa era difícil encontrar os estudantes mais velhos: só tínhamos contato com os alunos do nosso ano.

MAIO DE 1968

Maio de 1968 mudou tudo. Não apenas a universidade, mas toda a política na Itália, na Europa e no mundo: provocou uma enorme radicalização política de toda a sociedade, e teve reflexos sobre os costumes. Pessoas como eu, que vinham de ambientes tendencialmente de direita moderada, em que se votava no Partido Liberal ou na Democracia Cristã, foram lançadas numa situação de confronto social e se voltaram para as ideias marxistas. Rios de tinta já foram gastos para descrever a história de Maio de 1968, suas causas e seus efeitos e, portanto, não pretendo escrever sobre isso aqui. No entanto, gostaria de falar dos efeitos de 1968 no instituto de Física. Para mim, tudo começou na assembleia de física, com uma plateia lotadíssima (os participantes eram o dobro dos trezentos lugares). A sessão se estendeu tarde adentro, até as nove da noite, quando se votou se devíamos fazer uma ocupação ou não. "Ocupar" obteve a grande maioria (dois terços, me parece): como a decisão tinha sido tomada pelos estudantes, a responsabilidade pelo que estava acontecendo no instituto de Física recaíra sobre nós, inclusive sobre os que eram contrários àquilo tudo e que com o seu "não" aceitaram a legitimidade da votação.

Quando o deputado Caradonna, do MSI [Movimento Sociale Italiano], invadiu a universidade acompanhado de esquadrões neofascistas com longos e sólidos bastões envoltos em bandeiras italianas, o diretor do instituto, Giorgio Careri, completamente superado pelos acontecimentos, estava muito preocupado com a possibilidade de um incêndio na biblioteca que ficava no segundo andar do instituto de Física, até porque os extintores tinham sido levados para a faculdade de Letras para usar os jatos contra os invasores. Careri se aproximou dos estudantes encarregados de manter a ordem na porta do instituto e externalizou suas preocupações concluindo: "Se o inevitável tiver de acontecer, façam com que aconteça no primeiro andar".

Passado o período das ocupações, caíram todas as barreiras entre os estudantes dos vários anos, e também entre os estudantes, os assistentes e os jovens professores. Seguiu-se uma grande socialização entre os vários componentes do mundo acadêmico: descobri então que um dos professores era Paolo Camiz, que se apresentava no Folkstudio com um delicioso repertório de *chansonnier* francês, hoje facilmente encontrado no YouTube.

Havia duas salas para consulta dos livros. Numa, cercada por coleções decenais das revistas nas paredes, reinava um respeitoso silêncio; a outra era muito mais barulhenta: as pessoas falavam, riam, chegavam a jogar bridge até o fim da tarde (bisca ou escopa não eram considerados jogos sérios o bastante para os físicos). O instituto era muito mais aproveitado do que agora; depois das nove da noite abria-se uma porta traseira e entravam os estudantes que trabalhavam durante o dia e não podiam frequentar a escola em outros horários.

Do meu ponto de vista era um mundo infinitamente mais jovem do que é hoje o departamento de Física. Obviamente, eu também era mais jovem, tinha mais de cinquenta anos a menos e naturalmente me relacionava com pessoas mais jovens do que as com quem me relaciono agora, mas o instituto de Física era objetivamente mais jovem. Na época, Edoardo Amaldi, grande chefe italiano da física, às vezes chamado afetuosamente "o Pai", tinha sessenta anos. Abaixo de Amaldi, as cadeiras fundamentais estavam a cargo de Giorgio Salvini, Marcello Conversi, Giorgio Careri e Marcello Cini, todos com menos de cinquenta anos e decididamente mais jovens que os professores atuais.

Nicola Cabibbo chegara à Sapienza precisamente em 1966. Professor titular aos 31 anos, era famoso por sua teoria das interações fracas baseada no chamado "ângulo de Cabibbo", descoberta pela qual poderia tranquilamente receber um Nobel. Era a joia de toda a física teórica italiana: em 1968 tinha 33 anos, tendo nascido no mesmo ano de Francesco Calogero, que em 1995 recebeu o prêmio Nobel da Paz como secretário-geral do grupo Pugwash, uma organização não governamental nascida com o objetivo de garantir um desenvolvimento científico compatível com uma situação mundial pacífica.

Muitos dos professores assistentes de física teórica eram até mais jovens, com no máximo trinta anos. Certamente havia pessoas mais velhas, como Enrico Persico, por exemplo, que infelizmente morreu em 1969, antes de completar 69 anos. No entanto, eu não tinha muitas relações com eles, pois a parte mais importante do ensino estava a cargo de professores na casa dos 45 anos, situação muito distante da atual.

Não era apenas a impressão de um jovem estudante, há uma explicação histórica. Nos anos 1950, houve uma explosão de crescimento da universidade italiana, que estava se transformando na universidade de massa que conhecemos. A física em especial teve um grande desenvolvimento e recebeu vultosos financiamentos, até graças a Amaldi, que foi o primeiro secretário-geral do Cern (Conseil Européen pour la Recherche Nucléaire, a Organização Europeia para a Pesquisa Nuclear): a atividade de pesquisa era completamente internacionalizada e o prestígio obtido fora do país era o único prestígio na Itália. As antigas hierarquias que em outros institutos ou faculdades dominavam o cenário (os famigerados barões) tinham perdido seu poder na Física e os melhores cientistas chegavam rapidamente ao topo do poder acadêmico (eu fui aprovado no concurso para professor com 32 anos). Poucos anos depois da formatura já era possível obter cargos efetivos. Quando comecei a trabalhar nos Laboratórios Nacionais de

Frascati em 1970, com 22 anos, dois de meus amigos, Aurelio Grillo e Sergio Ferrara, tinham 25 anos e já eram efetivos. Nos dias de hoje, com essa idade, se tudo der certo, os alunos estão na metade do doutorado.

A COMUNICAÇÃO CIENTÍFICA

Estamos tão acostumados com a facilidade de compartilhar textos pela internet ou a telefonar praticamente de graça que é difícil imaginar as comunicações científicas daquela época.

Os telefonemas internacionais eram incrivelmente caros. Uma ligação para os Estados Unidos custava 1200 liras por minuto, e meu primeiro salário como pesquisador era de 125 mil liras: um telefonema de pouco mais de uma hora e meia acabaria com meu salário mensal. Os fax praticamente não existiam: no departamento de Física havia um telex (de fato um terminal telegráfico) muito pesado, inconveniente e pouco usado.

Recorria-se ao telefone apenas em casos excepcionais. Um dos episódios mais divertidos está ligado à descoberta da partícula *psi* em novembro de 1974. A partícula era composta por dois quarks charm; a descoberta influenciou notavelmente a física das partículas elementares, tanto que foi chamada "the November Revolution". A partícula tinha sido descoberta quase ao mesmo tempo em dois laboratórios diferentes dos Estados Unidos. A notícia se espalhou rapidamente em todo o mundo. Os laboratórios de Frascati perceberam que também tinham condições de observá-la. Logo foram modificados os parâmetros dos experimentos em curso e depois de apenas uma semana nós também observamos a *psi*, para alegria geral dos físicos presentes.

Era um resultado muito importante; apesar de ter sido obtido depois dos norte-americanos com base nas informações provenientes dos experimentos deles, demonstrava as grandes capacidades italianas. Era crucial escrever um artigo para a revista de física mais importante (*Physical Review Letters*) e publicá-lo no mesmo número em que sairiam os artigos americanos. Não havia tempo a perder, a revista estava prestes a fechar a edição; logo depois da descoberta, o artigo foi escrito às pressas em um fim de semana e, para ganhar tempo, ditado por telefone, procedimento totalmente inusitado. Até as figuras com gráficos foram transmitidas verbalmente, ditando as coordenadas dos pontos, e alguma pessoa gentil reconstruiu as figuras do outro lado do Atlântico. Os nomes dos autores (uma centena) também foram ditados, soletrando-os por telefone, com resultados às vezes cômicos. Foi o próprio Giorgio Salvini quem se encarregou de ditar e, como dizia sempre "S como Salvini", desapareceu da lista dos autores, porque seu nome foi transformado num "S". De fato, no lugar de "G. Salvini, M. Spinetti" foi impresso "G. S. M. Spinetti". Foi indispensável uma cuidadosa errata.

Numa colaboração científica trocavam-se longas cartas, não raro repletas de fórmulas. Na Itália, esse meio de comunicação era particularmente difícil. Nossos correios funcionavam muito mal: cartas expedidas por via aérea demoravam quinze dias para chegar. Colaborar à distância era quase impossível: era preciso estar fisicamente no mesmo lugar.

Na primavera de 1970, Nicola Cabibbo me chamou, juntamente a Massimo Testa, um pouco mais velho que eu, para ler uma carta manuscrita que recebera de Luciano Maiani, que havia saído de Roma para trabalhar um ano em Harvard. Maiani nos informava sobre os resultados que obtivera com Sheldon Glashow e John Iliopoulos. A carta me impressionou não apenas pelo resultado científico de extrema importância, mas também pela conclusão: "Jogamos fora a criança junto com a água do banho". De fato, a carta nos informava que o programa de pesquisa iniciado alguns anos antes por Nicola Cabibbo e Luciano Maiani para calcular o ângulo de Cabibbo atingira a meta. O ângulo não era calculável, mas em compensação a carta continha as bases daquele que, com base nas iniciais dos três autores (Glashow-Iliopoulos-Maiani), seria denominado o "mecanismo GIM". Explicando como algumas interações entre partículas eram ou não permitidas, o mecanismo GIM previa que existiam necessariamente as correntes fracas neutras e os quarks charm, previsões que foram experimentalmente verificadas: as primeiras em 1973 e os segundos — como vimos — em 1974.

A TECNOLOGIA

A maioria das contas simples era feita à mão, no máximo com o auxílio da régua de cálculo, que muito frequentemente levávamos no bolso. A régua é agora um instrumento de museu: permitia-nos fazer rapidamente multiplicações de dois ou três números e foi substituída pelas calculadoras eletrônicas. Lembro meu espanto quando, em 1973, vi uma pela primeira vez: custava o meu salário.

Os computadores, ou melhor, os calculadores como eram chamados na Itália, eram muito diferentes dos de hoje. No entanto, tinham um traço comum com os atuais. Um de meus queridos amigos, um pouco mais velho, Ettore Salusti, encontrando-me no corredor com um pacote de cartões perfurados na mão, sabiamente me advertiu: "Cuidado com o que faz: os calculadores são maldosos". A maldade dos computadores é uma característica que, apesar dos esforços de gerações de profissionais de informática, nunca desapareceu de todo, como infelizmente percebemos quando o computador resolve travar na única vez em que deixamos de salvar o arquivo.

O calculador principal era uma poderosa máquina Univac, acessível apenas aos técnicos, que ficava no subsolo de um edifício a algumas centenas de metros do instituto de Física. Sua memória, sem considerar os disquetes, era de aproximadamente um décimo de um megabyte, cerca de um milionésimo da memória do meu celular. No segundo andar ficavam máquinas com teclados — como gigantescas máquinas de escrever —, que perfuravam os cartões com as instruções dos programas: cada cartão continha uma linha com no máximo oitenta caracteres. No centro da sala destacava-se um terminal: uma máquina na qual se inseriam os pacotes de cartões penosamente escritos com as perfuradoras; o terminal lia os cartões muito rapidamente, ao ritmo de algumas dezenas por segundo. Depois de um tempo variável, que podia oscilar de um minuto a algumas horas, uma impressora rápida reproduzia os resultados em grandes folhas. Frequentemente alguém exclamava: "Que droga, esqueci um ponto e vírgula, tenho de reescrever o cartão e recomeçar do zero!". Havia uma fila para inserir os cartões no leitor, alguns vinham com pequenos pacotes com pouco mais de uma centena de cartões, outros chegavam com milhares de cartões que transportavam em recipientes especiais, uma espécie de gavetinha longa. Certa vez um colega tropeçou e derrubou todos os cartões que ocupavam um recipiente de um metro. "A análise dos dados terminou aqui", suspirou. Eram os cartões de código: concluíra dois terços do trabalho, mas colocar em ordem os milhares de cartões que tinham caído seria um quebra-cabeça impossível de resolver. Decidiu contentar-se com os dados parciais, encerrou a pesquisa e passou a estudar outros problemas.

Era inconcebível registrar dados de maneira digital por computador: não existiam máquinas com essa capacidade nem havia comunicação entre instrumentos de medidas e computadores. Só restava copiar à mão os dados indicados pelo instrumento. Num caso particular, para analisar sinais muito rápidos, usamos um dos mais recentes achados da tecnologia da época: uma fita de papel térmico que avançava um metro por segundo enquanto uma caneta térmica transcrevia o sinal, exatamente como um eletrocardiograma, mas muito mais veloz.

Na física de partículas era comum usar câmaras de bolhas com alguns metros de tamanho. A passagem de uma partícula na câmara provoca bolhas que possibilitam reconstruir sua rota. Fotografavam-se as bolhas e em seguida era preciso assinalar suas coordenadas. Para essa operação (escaneamento) projetavam-se as fotos sobre grandes mesas, onde algumas pessoas, todas mulheres, movimentavam braços tipo pantógrafo e, quando o braço estava no ponto certo, apertavam um botão para imprimir um cartão perfurado. Essas senhoras trabalhavam numa grande sala no terceiro andar e eram jocosamente chamadas "as escaneadoras": seu entediante trabalho era fundamental para todos os experimentos de física de partículas.

A FÍSICA TEÓRICA DAS PARTÍCULAS ELEMENTARES

No meu contexto de jovem estudante, a física teórica das partículas elementares era considerada o *non plus ultra*. Muitos amigos extremamente inteligentes, um ano mais velhos que eu, não conseguiram ter como orientador Nicola Cabibbo, requisitadíssimo entre os formandos, e foram obrigados a escolher uma tese em outro campo, com outros professores. Embora os professores estivessem entre os melhores da Itália, esses amigos não podiam deixar de ver aí uma espécie de retrocesso, de fracasso.

Por que a física teórica das partículas elementares tinha tal prestígio? Em Roma, o legado de Fermi era grandioso e eram muito fortes as ligações com o Cern de Genebra, o maior centro de física de partículas da Europa e talvez do mundo; mas esses dois fatos não eram suficientes. Havia uma aura de mistério em torno da física teórica das partículas. Agora todos sabemos que os quarks existem: unidos pelos glúons, que funcionam como uma cola, e são os constituintes do próton e do nêutron; há uma teoria — a cromodinâmica quântica (QCD) — que permite calcular suas propriedades.

Na época não se sabia quase nada. O próton e o nêutron eram conhecidos desde os anos 1930; pouco a pouco, nas décadas de 1950 e 1960 descobriu-se que existiam inúmeras outras partículas, difíceis de observar por terem uma vida média muito curta: uma família imensa de partículas, hoje chamadas bárions, das quais o próton e o nêutron, por serem as mais leves, eram as únicas a não decair rapidamente. Aparentemente, o próton e o nêutron não tinham outras propriedades especiais.

O fato de existir toda uma família populosa de partículas semelhantes e de se observarem alguns tipos de decaimento e não outros levava a pensar que essas partículas eram formadas por componentes que, misturando-se de diferentes maneiras, geravam objetos distintos. A variedade quase infinita das substâncias químicas se devia à combinação de uma centena de átomos diferentes, os átomos eram constituídos por núcleos e elétrons, os núcleos por prótons e nêutrons, mas de que eram constituídos os prótons e os nêutrons?

Não era fácil responder e não havia indicações evidentes. Uma proposta revolucionária foi apresentada em 1962 pelo norte-

-americano Geoffrey Chew: a teoria do suspensório. O termo "suspensório" faz alusão ao fato de que não podemos nos remover do chão puxando nossos próprios suspensórios. De acordo com a teoria do suspensório, cada partícula era de algum modo composta por todas as outras partículas; havia uma "democracia" nas partículas elementares, nenhuma era mais fundamental que as outras. A milenar busca dos elementos constitutivos da matéria (uma das primeiras propostas fora "água, ar, fogo e terra") chegara a seu termo; não existiam elementos constitutivos, apenas relações entre as várias partículas. A ideia teve um sucesso enorme. Em seu *Tao da física*, publicado em 1975, quando a "filosofia do suspensório" já era moribunda, Fritjof Capra a atribuía às filosofias orientais; a meu ver, ela evocava mais o idealismo hegeliano.

Havia inúmeras escolas de pensamento que tentavam organizar a enorme quantidade de dados utilizando princípios de natureza diferente, como simetrias de todos os tipos, a impossibilidade de transmitir as informações a uma velocidade mais elevada que a da luz e assim por diante. Eram escolas que se comunicavam pouco entre si, com objetivos limitados: o suspensório era a proposta mais radical, que se dispunha a chegar a uma teoria completa.

Um leitor atencioso poderia se perguntar: mas por que não usar uma teoria baseada nos quarks? Os quarks tinham sido propostos por Murray Gell-Mann e George Zweig em 1964, e a poucos meses de distância Oscar Greenberg acrescentou a cor (cada tipo de quark existe em três cores diferentes). Os quarks tinham sido introduzidos inicialmente como uma simplificação matemática, e o fato de ninguém conseguir observá-los, apesar das cuidadosas pesquisas experimentais, tornava sua existência pouco crível. Predominava a chamada "filosofia do faisão e da vitela", para usar a imagem que, depois de uma discussão com Valentine Telegdi, Gell-Mann inseriu num famoso trabalho de

1964. Gell-Mann usou o modelo de quarks para derivar uma série de equações, mas para ele aquelas equações eram muito mais importantes que o modelo de quarks do qual partira, que era uma simples maneira de obtê-las; àquela altura, podia esquecer o modelo de quarks e ficar apenas com as equações finais. O método era o mesmo da cozinha francesa, em que se cozinhava um pedaço de faisão entre duas fatias de vitela: depois se servia o faisão e se descartava a vitela. Até os que levavam a sério o modelo de quarks só conseguiam usá-lo de maneira muito limitada.

Pouco a pouco, por volta do final dos anos 1960, as coisas mudaram: chegaram novos dados experimentais, houve aprimoramentos teóricos e por fim percebemos que quarks e glúons coloridos eram potencialmente capazes de explicar os dados experimentais. Esse ponto de vista obteve sucesso definitivo com a Revolução de novembro de 1974, quando a descoberta da partícula *psi* e suas estranhas propriedades fizeram a balança pender definitivamente para a teoria como a conhecemos agora.

Mas que fim levou o suspensório?

No Instituto Weizmann, centro de pesquisa israelense entre os mais importantes do mundo, havia um forte grupo de físicos capitaneado por um genial argentino, Hector Rubinstein: sob a sua direção, Miguel Virasoro, Gabriele Veneziano, Marco Ademollo e Adam Schwimmer começaram uma longa série de estudos de física das partículas dos quais nasceu a teoria das cordas. De fato, embora o passo fundamental para essa teoria tenha sido dado por Veneziano com o primeiro modelo de corda aberta em 1968, aqueles estudos preliminares foram muito importantes para formar o quadro conceitual no qual o modelo de Veneziano pode ser concebido. Incentivado pelo trabalho deste último, poucos meses depois Virasoro ampliou a teoria introduzindo o modelo de cordas fechadas. Esses resultados impressionantes desencadearam uma onda de interesse e pouco a pouco se descobriu que tais fórmulas podem ser derivadas postulando que a matéria é constituída por uma corda (um fio elástico) e que as várias partículas correspondem a suas oscilações. Infelizmente as propriedades das cordas não conseguiam descrever adequadamente as partículas observadas.

Em 1974, Joël Scherk e John Schwarz perceberam que a teoria das cordas poderia ser utilizada como ponto de partida para descrever a força de gravidade num quadro quântico, embora seus muitos detalhes, tanto na época como agora, nos escapem. É paradoxal que a filosofia do suspensório, que desejava eliminar os constituintes elementares da matéria, tenha sido a parteira de uma nova teoria em que tudo o que existe no universo (a matéria, a luz e as ondas gravitacionais) é composto por cordas.

As ideias frequentemente são como um bumerangue. Quando se obtêm resultados interessantes e insólitos, as aplicações podem aparecer em campos absolutamente inusitados.

Chegando aos dias atuais, compreendemos bem as propriedades do próton e das outras partículas, mas, no que diz respeito à gravidade quântica, estamos numa situação que faz lembrar a de cinquenta anos atrás. Há várias escolas de pensamento: as cordas, a gravidade em *loop* e assim por diante. Mas será que uma delas é a correta, ou teremos de aguardar uma nova ideia teórica ou um experimento que dê resultados inesperados? Que forma terá a teoria final? É difícil dizer: por maiores que sejam os nossos esforços para prever o futuro, ele nos surpreenderá.

Transições de fase, ou os fenômenos coletivos

A água que ferve e a água que congela: são eventos muito estranhos. Vemos uma substância mudar de forma de repente apenas porque a temperatura mudou um pouco. Trata-se de uma transformação coletiva: não é um átomo sozinho, não é uma molécula de água sozinha que congela ou que ferve.

As transições de fase são fenômenos da "física cotidiana", que estamos acostumados a ver sem nem sequer nos dar conta. Mas para um físico são fenômenos muito interessantes de compreender. Por isso, no início dos anos 1970, dediquei certa atenção também ao estudo de alguns tipos de transições de fase que em 1971 e 1972 ainda representavam um problema não resolvido.

Todos sabemos que à temperatura de 100 °C a água começa a ferver, ou seja, passa da fase líquida à gasosa, assim como a 0 °C passa da fase líquida à sólida, o gelo.

Para os físicos, a observação desses fenômenos "normais" gera inúmeras perguntas: por que acontecem tais transformações? Por que àquelas precisas temperaturas? Acontecem de modo análogo em todos os materiais? E outras perguntas ainda, cujas respostas são muito difíceis de encontrar.

Na primeira década do século XX, os físicos começaram a obter evidências experimentais da existência dos átomos e das moléculas como "tijolos" constitutivos da matéria e, portanto, tentaram interpretar os fenômenos macroscópicos, tal qual o congelamento da água, como fenômenos decorrentes do comportamento coletivo dessas minúsculas unidades de matéria.

Do ponto de vista microscópico, as transições de fase se tornam bem mais difíceis de descrever e representam um problema que sempre retorna de formas diferentes. Começamos resolvendo os casos mais simples e depois, pouco a pouco, estamos afinando os instrumentos e aumentando o número de casos resolvidos.

Para estudar as transições de fase em nível microscópico, temos de entender o comportamento de muitos "objetos", ou seja, átomos ou moléculas ou minúsculos ímãs: muitas "coisas elementares" que — utilizando um contexto mais geral que o da física tradicional — podemos chamar "agentes" e que interagem entre si, trocando informações e modificando seu comportamento a partir das informações que recebem.

No caso da física, "trocar informações" equivale a "ser submetido a algumas forças", mas de modo geral — dado que este modelo pode ser aplicado a muitos campos de estudo, da física à biologia, à economia e assim por diante — temos muitos objetos cujo comportamento depende do comportamento de outros objetos que estão mais ou menos próximos; normalmente bastante próximos, uma vez que objetos muito distantes não conseguem trocar informações.

As grandezas físicas que podemos medir em nível macroscópico, como a temperatura da água, dependem do comportamento dos agentes microscópicos, por exemplo, da velocidade das moléculas, que não pode ser observada.

Imaginem que estamos olhando a água com um microscópio muito sensível. Veríamos moléculas em forma de guidão um pouco dobrado que se movem, se atraem, giram, se afastam e vibram rapidamente. Essa é a descrição da água no nível molecular. Por outro lado, observando-a na escala do olho humano, vemos um líquido que a certa temperatura congela e se solidifica e a outra temperatura evapora, tornando-se um gás. Como se passa do comportamento de cada átomo ao comportamento global do sistema é um problema que exigiu tempo para ser explicado.

TRANSIÇÕES DE FASE DE PRIMEIRA ORDEM

Quem estuda as transições de fase não está muito interessado em compreender a qual temperatura e pressão acontece certa mudança de estado, e sim em descobrir o mecanismo. Por que, por exemplo, esse fenômeno acontece ao mesmo tempo e num "ponto" tão específico? O que muda no sistema a 100 °C? Por que, observando o sistema a uma temperatura apenas um grau inferior à temperatura crítica, não observamos nada? Por que basta um grau a mais para acontecer uma mudança repentina no comportamento macroscópico?

Conceitualmente, resolver esse problema não é nem um pouco banal, tanto que nos anos 1930 muitos físicos temiam que as regras normais da física, e em especial da mecânica estatística, não fossem suficientes para explicar as transições de fase.

A solução foi encontrada nas décadas de 1940 e 1950, também partindo de uma ideia bastante geral em física: a minimização da energia. Na natureza, um objeto livre para se movimentar tentará atingir sua posição de mínima energia até encontrar um ponto de equilíbrio. Por exemplo: uma bola colocada em uma descida rolará até o ponto mais baixo do percurso. O ponto mais baixo do caminho, que pode ser entendido como um "buraco", representa uma posição de equilíbrio estável que a bola só deixará com a intervenção de alguma coisa que a faça sair dali.

Algo semelhante acontece com o gelo, que sob a temperatura de 0 °C se encontra num estado de equilíbrio estável (sólido) correspondente a um mínimo de sua energia livre. Aumentando a temperatura, as moléculas que na fase sólida ocupam posições precisas no retículo cristalino começam a se agitar até perder suas posições fixas e se movimentar livremente. Essa é a fase líquida, que também representa um equilíbrio estável e corresponde a outro ponto mínimo de sua energia livre.

Fornecer calor à água é como dar impulsos na bola: enquanto os impulsos são pequenos, a bola começa a se mexer, mas não tem energia suficiente para sair do buraco; ao aumentá-los, a bola adquire a energia suficiente para deixar o buraco e se movimenta até encontrar outra posição de equilíbrio.

Assim, as moléculas da água, imóveis no seu retículo cristalino que define a fase sólida, se agitam mais com o aumento da temperatura, até que, a 0 °C, as ligações que as mantêm unidas começam a se quebrar. Nessa fase, mesmo continuando a fornecer calor, a temperatura não aumenta mais, porém a energia fornecida ao sistema quebra as ligações entre as moléculas, até todo o gelo se dissolver, tornando-se água e encontrando na fase líquida sua nova posição de equilíbrio estável.

Esse tipo de transição de fase, chamado de transição de primeira ordem, caracteriza-se por dois fenômenos importantes.

O primeiro é o fato de que o sistema não apresenta, na proximidade do ponto crítico, nenhuma característica microscópica que indique sua iminente transformação. A água a 0,5 °C não mostra nenhum sinal que nos leve a perceber que, com a diminuição de mais meio grau na temperatura, começará a congelar. Não se formam ilhas de gelo na água nem ilhas de água no gelo quando o sistema se aproxima da temperatura crítica.

O segundo fenômeno significativo é a existência do *calor latente*, aquela quantidade de calor necessária para quebrar as ligações moleculares em vez de aumentar a temperatura do sistema. O calor que fornecemos quando o gelo se encontra a 0 °C servirá para quebrar ligações até todo o gelo fundir. Essa quantidade de calor que temos de fornecer ao sistema para levá-lo a mudar de estado se chama precisamente calor latente.

Essas transições de fase às vezes podem ser descritas como transições de um estado ordenado para um estado desordenado do sistema. De fato, na fase sólida as moléculas ocupam pontos precisos do retículo cristalino, encontrando-se, portanto, numa fase ordenada. Na fase líquida as moléculas de água podem se movimentar livremente e a situação microscópica parece muito mais desordenada do que a fase precedente.

TRANSIÇÕES DE FASE DE SEGUNDA ORDEM

Nem todos os materiais se comportam como a água. Há outras transições de fase que ocorrem sem a presença do calor latente, ou seja, sem que, atingida a temperatura crítica, seja necessário fornecer certa quantidade de calor para passar de um estado a outro.

Nesses casos, a transição ocorre de maneira contínua, ou poderíamos dizer suavemente, à medida que nos aproximamos da temperatura crítica. Essas são as transições de fase de segunda ordem.

Vejamos um exemplo: o ímã, que à temperatura ambiente é um sistema magnético, perde a sua magnetização com o aumento da temperatura. Em termos técnicos, dizemos que o ímã passa de uma fase ferromagnética (magnética) para uma fase paramagnética (não magnética).

Vamos imaginar o que acontece no interior do sistema. Podemos visualizar o campo magnético do ímã como uma flecha orientada no espaço, exatamente como a agulha de uma bússola, cuja ponta da flecha aponta para o norte.

Esse campo magnético macroscópico é gerado pela soma dos inúmeros campos magnéticos elementares de cada partícula do sistema, que são denominados *spin*. No interior do ímã, as interações entre os spins fazem com que eles se alinhem numa mesma direção: um número muito elevado de pequenas flechas que apontam para a mesma direção.

Também no caso da magnetização, a transição de fase acontece com o aumento da temperatura. De fato, o calor fornecido ao magneto provoca um aumento dos movimentos dos spins, que pode mudar sua orientação. Tenderão, portanto, a se desorganizar e a perder seu alinhamento. Como é precisamente o alinhamento dos spins que gera o campo magnético macroscópico, com o aumento da temperatura, ele diminuirá até se anular completamente.

Também nesse caso a transição de fase pode ser descrita como a transição de uma fase mais ordenada para uma fase menos ordenada do sistema.

Para facilitar o raciocínio, podemos usar o modelo proposto em 1924 pelo estudante Ernst Ising em sua tese de doutorado, talvez o primeiro modelo inventado pelos físicos para ajudar a compreender a realidade simplificando ao máximo a sua descrição. Esse modelo permite que os spins se orientem em apenas duas direções, para cima ou para baixo, como na figura 1, enquanto todas as outras orientações são proibidas.

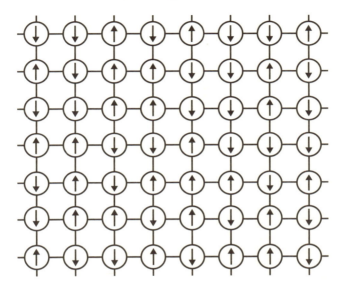

Figura 1. *Um retículo de Ising.*

A interação que existe entre os spins é tão grande que eles tenderão a se alinhar na mesma direção (ou todos para cima ou todos para baixo), enquanto a agitação térmica tende a desalinhá--los e a revirar alguns em sentido contrário aos outros.

A fase ferromagnética corresponderá à maioria dos spins orientados numa mesma direção (fase ordenada), enquanto a fase paramagnética será descrita por 50% dos spins apontando para cima e 50% apontando para baixo, distribuídos de modo casual (fase desordenada).

O sistema também pode ser descrito em termos de simetria. Se uma transformação não muda suas características, podemos dizer que se trata de uma simetria do sistema.

Tomemos, por exemplo, a transformação "inversão de todos os spins". Aplicando-a à fase desordenada ou paramagnética, nada mudará: teremos sempre 50% dos spins para cima e 50% para baixo, sempre distribuídos de maneira casual: esta é, portanto, uma simetria do sistema.

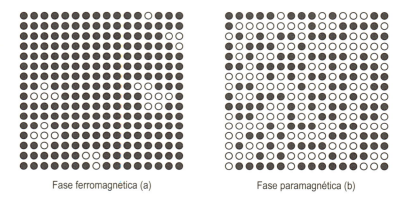

Fase ferromagnética (a)   Fase paramagnética (b)

Figuras 2a e 2b. *As fases do modelo de Ising*. A cor cinza indica os spins orientados para baixo, enquanto o branco corresponde aos spins orientados para cima. Na fase ferromagnética veem-se pequenas ilhas de spins que apontam para cima (brancos), enquanto os outros, que representam a maioria (cinza), apontam para baixo. Na fase paramagnética os spins estão distribuídos ao acaso, metade para cima e metade para baixo.

Sob a temperatura crítica, ao contrário, quando a maioria dos spins aponta para uma direção (como na figura 2a, em que a maioria das bolinhas é cinza), sua inversão resultará na inversão do campo magnético macroscópico gerado, que assim mudará de sinal (ou seja, a maioria das bolinhas se tornará branca). Portanto, para a fase ordenada, ou ferromagnética, a inversão dos spins não é invariante, uma vez que inverte o campo magnético.

Nesse caso, diz-se que ocorreu uma "quebra espontânea de simetria" entre as duas fases: uma simetria (a inversão dos spins), existente na fase paramagnética, já não existe depois da transição de fase, quando o sistema se encontra na fase ferromagnética. Essa simetria se quebrou espontaneamente, sem a participação de fenômenos externos.

As transições magnéticas fazem parte da classe das transições de fase de segunda ordem, que se caracterizam por um parâmetro (nesse caso a magnetização) chamado "parâmetro de ordem". Ele marca a passagem na transição entre uma fase ordenada e uma fase desordenada do sistema.

À primeira vista, o sistema magnético parece mais simples que os sistemas como a água, que vimos antes, porque não há descontinuidades. Mas o diabo está nos detalhes, e os detalhes, no caso das transições de segunda ordem, são muito complicados.

Vamos considerar um ímã mantido a alta temperatura de modo que não apresente nenhuma magnetização e colocá-lo num campo magnético; em seguida diminuímos pouco a pouco a sua temperatura: veremos que o sistema se magnetiza cada vez mais facilmente à medida que nos aproximamos da temperatura crítica. Uma vez atingida tal temperatura, ocorre a transição e o ímã adquire uma magnetização própria, sem necessitar de um campo magnético externo.

No interior do ímã criam-se ilhas ferromagnéticas cada vez maiores. Essa situação de coexistência das duas fases (esquematicamente ilustrada pela figura 3) exige um estudo muito complexo.

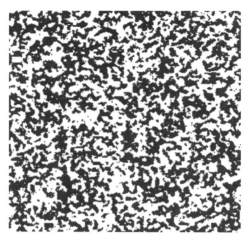

Figura 3. *Modelo de um ímã à temperatura crítica. Desenvolvem-se estruturas ferromagnéticas que crescerão com a redução da temperatura.*

AS CLASSES DE UNIVERSALIDADE

Um fato interessante foi medido por físicos experimentais: o comportamento de um sistema magnético não depende muito do comportamento de cada um dos objetos elementares pelos quais é formado.

Levando em consideração substâncias magnéticas extremamente diferentes, em que tanto as interações entre os componentes microscópicos como as descrições dos detalhes quânticos são distintas, observa-se que a magnetização chega a zero na proximidade da temperatura crítica obedecendo sempre ao mesmo ritmo. Esse ritmo é matematicamente descrito por uma lei de potência que apresenta no expoente o mesmo parâmetro numérico, chamado β (beta), para toda uma classe de substâncias magnéticas, até mesmo substâncias muito diferentes entre si.

É como se os carros de um Grande Prêmio de Fórmula 1 agissem livremente durante a corrida, mas diminuíssem a velocidade todos ao mesmo tempo na última volta a fim de parar na linha de chegada.

Foi uma descoberta surpreendente e inesperada: enquanto os detalhes microscópicos eram completamente diferentes, o comportamento coletivo, ao contrário, era o mesmo. Esse resultado foi formalizado por Leo Kadanoff, que cunhou a ideia de *classes de universalidade* nas quais podiam ser divididos os fenômenos de transição de fase. Fenômenos com o mesmo expoente beta pertencem à mesma classe.

Esse fato remete à visão platônica da natureza: poderíamos dizer que existe um número relativamente pequeno de classes de universalidade para os comportamentos críticos e cada sistema real se refere a uma daquelas classes de universalidade (ou seja, a uma ideia, para usar a terminologia de Platão).

A subdivisão das classes depende dos graus de liberdade dos componentes elementares do sistema. Por exemplo, os graus de liberdade são diferentes se os spins podem se movimentar em todas as três dimensões do espaço, ou se forem obrigados a se movimentar num plano, ou se podem apenas inverter o sentido: em suma, dependem de quanto e como os constituintes elementares da matéria que estamos examinando podem se movimentar e o valor do número beta depende apenas desses graus de liberdade.

No início dos anos 1970, esse problema — do qual veremos, daqui a pouco, um exemplo concreto — era considerado interessante, com razão, e tinha-se a impressão de que todos os instrumentos para resolvê-lo estavam disponíveis se encontrássemos o formalismo apropriado para calcular os expoentes críticos. Portanto, passei a trabalhar nas transições de fase, pensando que em pouco tempo chegaria à solução, para depois voltar a me ocupar dos problemas abertos sobre as partículas elementares, que pareciam mais árduos.

A INVARIÂNCIA DE ESCALA

Tratava-se, essencialmente, de estudar sistemas em que as interações magnéticas entre os spins fossem fortes. Conheciam-se as interações no âmbito microscópico e era necessário encontrar um formalismo que, partindo da descrição microscópica conhecida, conseguisse descrever o sistema num nível intermediário, que não mais se referisse aos detalhes microscópicos, uma vez que o comportamento da magnetização não depende deles. No nível intermediário, ou seja, *mesoscópico*, estudam-se as flutuações do sistema: grupos de átomos, mais ou menos numerosos, que passam de uma fase a outra.

A evolução do sistema pode ser analisada estudando essas flutuações e suas interações recíprocas. As flutuações independem da escala que utilizamos para analisar o sistema, como veremos daqui a pouco.

Já havia muitos trabalhos, como o de Giovanni Jona-Lasinio e Carlo Di Castro, dedicados a entender detalhadamente a origem do comportamento mesoscópico. Alguns avanços fundamentais foram realizados por Kenneth Wilson, apresentados em alguns artigos, em 1971 e 1972, sobre como construir um formalismo que permitisse o cálculo dos expoentes críticos. Esse formalismo, chamado "grupo de renormalização". lhe valeu o prêmio Nobel de 1982.

O GRUPO DE RENORMALIZAÇÃO

Para compreender por que a técnica proposta por Wilson para tratar as transições de fase de segunda ordem assumiu o nome de "grupo de renormalização", convém ter uma ideia geral do procedimento usado por ele.

A descrição do sistema no nível intermediário é uma descrição invariante sob uma transformação de escala: ou seja, o resultado da nossa observação não depende de quanto utilizamos o zoom.

Observemos a figura 4.

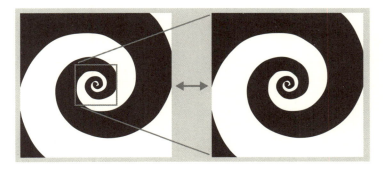

Figura 4. A *invariância de escala para uma figura fractal*.

A imagem da direita é a ampliação da parte contida no quadrado da imagem da esquerda: como mostra a figura, não há como distinguir o sistema ao variar a escala de observação ou, se preferirem, o zoom com o qual o observamos.

Voltemos ao nosso sistema esquematizado na figura 3. Suas flutuações comportam-se essencialmente da mesma maneira, com exceção de um fator de escala: quanto mais "de longe" olho o sistema (podemos pensar em usar uma lente grande angular), mais as flutuações parecem pequenas; quanto mais me aproximo (dando um zoom), mais as verei grandes.

A ideia, já introduzida por Kadanoff, é a de dividir o sistema em quadradinhos que contêm certo número de spins. Observemos a figura 5a: cada quadrado de dimensão 3 × 3 agrupa 9 spins. O passo seguinte é contar quantos desses 9 spins apontam para cima (pretos) ou para baixo (brancos). Tomando o quadrado 3 × 3 no canto superior esquerdo, vemos que contém 6 quadradinhos pretos e 3 brancos; portanto, a maioria tem cor preta. Usamos esse valor da imagem da direita (figura 5b) como se fosse uma entidade única, um único spin. O quadrado no canto superior esquerdo da figura 5b, de fato, é preto. Cada um dos quadrados da figura 5b é formado por spins cuja cor é determinada pela cor da maioria dos 9 spins da região de partida.

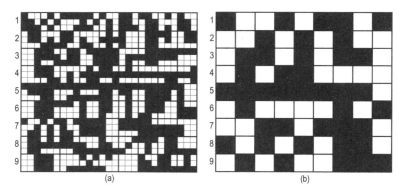

Figuras 5a e 5b. *A 5b foi construída tomando grupos de 3 × 3 quadradinhos da 5a e colorindo o quadrado correspondente da 5b de preto se a maioria dos 9 quadradinhos de partida eram pretos, ou de branco no caso contrário.*

Em suma, usamos um mecanismo análogo ao das eleições presidenciais nos Estados Unidos: o candidato que conquista a maioria num Estado obtém todos os delegados daquele Estado.

Todas as vezes que fazemos essa operação estamos de fato mudando de escala e diminuindo muito o número de variáveis consideradas (no lugar dos 9 spins de partida no alto à esquerda da figura 5a, agora temos um único spin no primeiro quadrado da figura 5b).

A nova representação do nosso sistema (em escala superior) ainda é uma boa representação: só o estamos observando "através de uma granulação maior". A técnica de Wilson permitia passar de uma escala à escala seguinte: daí o nome de "renormalização".

Assim, no início da década de 1970, as transições de fase dos sistemas magnéticos também tinham encontrado uma descrição apropriada e eu voltei a me ocupar da física das partículas elementares.

Vidros de spin:
a introdução da desordem

> *Grande parte da inteligência artificial encontrada nos aplicativos mais comuns da internet baseia-se na teoria dos vidros de spin e nas redes neurais.*

O melhor trabalho de uma vida de pesquisa pode surgir por acaso: é encontrado num caminho percorrido para ir para outro lugar.

Foi o que aconteceu comigo. O que é considerada minha maior contribuição para a física, ou seja, a teoria dos vidros de spin, nasceu enquanto eu estudava um problema de partículas elementares.

Parecia que o instrumento mais adequado para resolvê-lo era uma técnica matemática chamada método das réplicas, que eu ainda não conhecia. Providenciei toda a literatura existente sobre o tema e comecei a estudá-lo. O método das réplicas é um método matemático em que se replica várias vezes determinado sistema e em seguida se compara o comportamento das diversas réplicas. Parecia efetivamente adequado para a resolução do meu problema, mas, num dos casos descritos na literatura, fornecia resultados totalmente incoerentes sem que se compreendesse o motivo.

Enfrentar um problema novo, e portanto nada claro por definição, com um instrumento que talvez não funcionasse não era uma boa ideia. É como usar uma bússola que de vez em quando aponta para o sul e não para o norte sem sequer saber quando ou por quê.

Assim, resolvi entender o quanto esse instrumento era confiável.

Era pouco antes do Natal de 1978 e eu trabalhava em Frascati. Fotocopiei o artigo que expunha o caso em que a técnica das réplicas levava a resultados não confiáveis e o levei para as minhas férias.

O artigo referia-se a problemas ligados a sistemas desordenados e vidros de spin, temas muito distantes do meu campo de estudo da época e aos quais eu nunca me dedicara. Por outro lado, era crucial entender por que o método não funcionava naquele caso. Estudei o modelo e refiz todos os cálculos: estavam corretos, mas o resultado era incongruente. Aquilo merecia um aprofundamento.

Na volta das férias encontrei alguns trabalhos que apresentavam progressos e a solução parecia ao alcance. Tentei resolver o problema partindo daqueles estudos mais avançados, pensando que seria fácil; mas quanto mais eu trabalhava, mais o problema parecia difícil.

Se alguns resultados se tornavam coerentes, outros se afastavam dos valores das simulações numéricas, e isso era um indício de que a solução não estava próxima. Provavelmente seria necessária uma mudança radical de perspectiva.

Sem me dar conta, eu estava explorando um novo campo de pesquisa. Já não pensava no problema das partículas elementares do qual partira: meu interesse fora atraído por algo totalmente diferente.

OS VIDROS DE SPIN

Os vidros de spin são ligas metálicas que recebem esse nome porque sua transição de fase magnética, devida ao comportamento dos spins das partículas que formam a liga, se comporta como as transições de fase do vidro.

Essas ligas são constituídas por metais nobres, como ouro ou prata, no interior dos quais se diluiu uma pequena quantidade de ferro. A altas temperaturas comportam-se como sistemas magnéticos normais, mas quando a temperatura cai abaixo de determinado valor, surgem comportamentos semelhantes aos do vidro, da cera ou do betume: as mudanças se tornam cada vez mais lentas e parece que o sistema nunca atinge um estado de equilíbrio.

Na escola estudamos que um líquido é um material que assume a forma do sólido no qual é despejado. É claro, portanto, que o vidro à alta temperatura é um líquido, mas também é evidente que esse líquido apresenta alguns comportamentos insólitos. Por exemplo, se tomamos um recipiente cheio de vidro fundido (ou de mel ou de cera) e o viramos, o líquido não cai logo no chão, mas começa a "escorrer" pouco a pouco do recipiente. Quanto mais o vidro esfria, mais lentamente escorre: por algum motivo, o comportamento do sistema desacelera muito.

A enorme desaceleração da dinâmica do sistema devida à redução da temperatura tem algo em comum com o comportamento da magnetização para as ligas metálicas. É como se, diminuindo a temperatura, diminuíssem ao mesmo tempo as possibilidades de movimento dos spins e, portanto, se tornasse impossível para eles chegarem à posição de equilíbrio.

Voltemos ao exemplo anterior e vamos pensar num ônibus que se enche de gente: enquanto a densidade é relativamente baixa, uma pessoa que deseja ir de um ponto a outro do veículo faz com que as outras pessoas se desloquem e passa. Obviamente as pessoas deslocadas levarão outras a mudar de lugar, em cadeia. Tudo funciona bem enquanto há muito espaço, mas quanto mais a densidade aumenta e os contatos se tornam mais próximos, mais o espaço entre uma pessoa e outra diminui, mais se torna difícil movimentar-se e se fica cada vez mais preso. Os ingleses o chamam *traffic jam* ("engarrafamento", "trânsito parado").

O fenômeno era geral o bastante (envolve vidro, cera, mel, piche, ligas metálicas...) para incentivar os estudiosos a investigarem seu funcionamento. A melhor maneira de abordá-lo era construir um modelo, inicialmente simples, que reproduzisse o fenômeno. Esse procedimento permitiria encontrar as características ou as interações essenciais que levam à desaceleração da dinâmica com a variação da temperatura. Características e interações que, presentes precisamente nos vidros, no mel, na cera, no betume e em algumas ligas metálicas, deviam estar ausentes na água ou em quase todos os outros líquidos que não apresentam esse comportamento.

OS MODELOS

Estudar as transições de fase desses materiais é difícil até de um ponto de vista experimental. Como nota curiosa, posso lhes dizer que na Austrália estão realizando um experimento único no gênero. Pegaram uma quantidade de piche a temperatura controlada numa situação em que ainda permanece um pouco de viscosidade (portanto, o piche continua a se movimentar e pode formar gotas) e medem a frequência com que as gotas caem. O experimento começou em 1927 e até 2014 tinham caído apenas nove gotas. Depois deixei de acompanhá-lo, mas de qualquer modo é difícil imaginar em quanto tempo teremos algum resultado interessante...

É complexo estudar esses sistemas e a melhor ideia certamente é construir um modelo sintético mais simples do que as situações reais, que possa nos ajudar a encontrar algumas soluções.

Para compreender o que é um modelo e qual sua utilidade para um físico teórico, podemos pensar no jogo Banco Imobiliário. É um modelo de sociedade em que se inseriram poucas regras simples: a disposição e o custo dos terrenos, o custo das construções e o valor das rendas imobiliárias. Depois acrescentaram-se elementos de casualidade, sempre presentes em nossas vidas: o lançamento dos dados para se deslocar, "imprevistos" e "probabilidades" para sair ou entrar em situações difíceis.

Com essas regras simples, depois de jogar um pouco, percebemos que surge uma característica dos sistemas capitalistas: quem tem mais dinheiro se torna cada vez mais rico.

Do mesmo modo que o Banco Imobiliário não contém toda a complexidade de uma sociedade real, mas consegue apreender algumas de suas características, os modelos construídos pelos físicos não contêm toda a complexidade dos sistemas reais, mas, se conseguimos introduzir no modelo as regras significativas, podemos esperar que ele possa reproduzir algumas das características fundamentais do fenômeno que desejamos estudar.

Uma vez construído o modelo e inseridas as regras que descrevem o seu funcionamento, podemos fazer o sistema evoluir, ou seja, começar a nossa partida de Banco Imobiliário, ou então simular no computador a transição de fase do nosso sistema, elevando ou diminuindo a temperatura que definimos como basal no nosso modelo sintético.

O modelo, evoluindo, gerará alguns resultados como, no caso do Banco Imobiliário, "quem tem mais dinheiro se torna cada vez mais rico" ou, no caso do modelo de Ising, a fase ferromagnética que surge com a diminuição da temperatura.

Em seguida começa o trabalho para desenvolver a teoria, ou seja, a estrutura matemática que reproduza os resultados das simulações, partindo das regras e dos dados iniciais do modelo sintético. O experimento não consiste mais em ímãs, circuitos, fornos e outros objetos: o laboratório agora é o nosso computador, com o qual já não queremos reproduzir o funcionamento das ligas metálicas, mas o do nosso modelo.

Se tivermos sucesso, num segundo momento trataremos de compreender como a teoria encontrada é realmente útil nos casos reais: ligas metálicas, vidro, cera e muitos, muitíssimos outros sistemas.

O MODELO DOS VIDROS DE SPIN

No modelo de Ising que vimos anteriormente, as forças entre os spins têm tal magnitude que, a baixa temperatura, eles tendem a se alinhar na mesma direção, ou todos para cima, ou todos para baixo.

No modelo dos vidros de spin, por sua vez, a força que age entre alguns pares de spins tende a orientá-los na direção oposta, o que complica a situação.

Vejamos um exemplo prático. Na vida, percebemos facilmente que nossos objetivos muitas vezes são incompatíveis com os objetivos dos outros: assim, somos obrigados a renunciar nossas metas. Por exemplo, eu gostaria de ser amigo do sr. Bianchi e do sr. Rossi, mas infelizmente eles se odeiam e, desse modo, também eu dificilmente poderei ser muito amigo dos dois ao mesmo tempo. Essa situação, por si só frustrante, se torna ainda mais complexa quando mais indivíduos estão envolvidos.

Vamos imaginar uma tragédia como a seguinte: há uma luta entre dois grupos e cada personagem do drama deve escolher de que lado vai ficar. Além disso, cada um tem fortes simpatias ou antipatias em relação aos outros (é justamente uma tragédia!). Para simplificar, podemos assumir que os sentimentos de simpatia ou antipatia são recíprocos (atualmente foram desenvolvidos métodos que permitem lidar até com situações em que os sentimentos não são recíprocos).

Tomemos três personagens desse drama, Ana, Beatriz e Carlos. Se os três gostam uns dos outros, não há nenhum problema: escolherão o mesmo grupo. Igualmente simples será a solução se dois deles têm simpatia recíproca e ambos têm antipatia, retribuída, pelo terceiro. Nesse caso, a dupla de amigos escolherá um grupo e o personagem remanescente optará pelo outro. Mas o que acontecerá se os três sentem antipatia uns pelos outros? Haverá certo grau de frustração porque duas pessoas que têm antipatia recíproca terão de estar necessariamente no mesmo grupo.

Quando muitos trios são frustrados, evidentemente a situação começa a ficar instável; alguns podem mudar de grupo tentando encontrar um estado em que a frustração total seja menor. Podemos definir a "tensão dramática" como o número de trios frustrados dividido pelo número total de trios.

Estudos detalhados mostraram que nas tragédias de Shakespeare a tensão dramática assim definida é bem baixa no início, atinge um máximo por volta da metade da apresentação, para depois diminuir ao se aproximar do final.

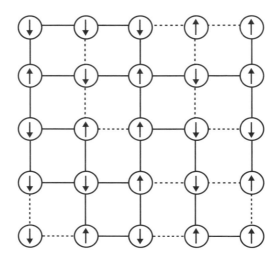

Figura 6. *Esquema de um vidro de spin. Em baixa temperatura, os spins ligados pela linha tracejada procuram organizar-se na direção oposta entre si, enquanto os spins ligados pela linha contínua procuram se alinhar no mesmo sentido.*

No esquema de vidro de spin ilustrado na figura 6, em que já não há trios, mas os spins estão posicionados num retículo quadriculado, cada spin só poderá se orientar para cima ou para baixo (é proibida qualquer outra orientação). A ligação que antes podíamos definir como "ligação de simpatia" é agora uma "ligação ferromagnética": é uma força que tende a alinhar os spins no mesmo sentido e na figura 6 o reproduzimos com a linha contínua. A "ligação de antipatia", por sua vez, torna-se a "ligação antiferromagnética": é reproduzida com a linha tracejada e representa uma força que tende a alinhar os spins na direção oposta. Também nesse caso podemos verificar facilmente a existência de situações de frustração. Vejamos, por exemplo, a figura 7.

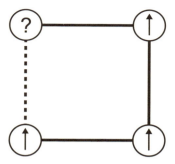

Figura 7. *As três ligações reproduzidas com a linha contínua são ferromagnéticas, enquanto a reproduzida com a linha tracejada é antiferromagnética.*

Nesse caso, o spin no alto à esquerda tem uma ligação antiferromagnética com o spin abaixo dele e uma ligação ferromagnética com o spin à direita, e portanto pode satisfazer apenas um dos dois e não sabe se deve se alinhar para cima ou para baixo.

Os primeiros modelos de vidros de spin tinham sido utilizados por Edwards e Anderson, mas o modelo mais simples fora construído por Sherrington e Kirkpatrick em 1975.

Voltando ao meu problema, ao usar a técnica das réplicas para calcular as grandezas físicas do sistema dos vidros de spin descrito pelo modelo de Sherrington e Kirkpatrick, chegava-se a uma série de incongruências. Por exemplo, o cálculo da entropia levava a valores negativos, o que não é possível, uma vez que em todo sistema físico a entropia é uma variável positiva por definição. Se o cálculo da entropia de um sistema leva a resultados negativos, ou os cálculos estão errados (algo que acontece, mas não era esse o caso, como todos verificamos), ou então há um erro conceitual em algum lugar.

A BUSCA DA SOLUÇÃO

Os erros conceituais que eu cometi inicialmente eram dois. O primeiro era um erro técnico, e sendo técnico é difícil explicar aos leigos; seja como for, estava ligado a conceitos matemáticos incorretos.

O outro era um erro de física e devia-se ao fato de que eu não fazia ideia das características do fenômeno que estava estudando (e acabei precisando de mais de três anos para apreender o sentido físico da solução matemática que tinha encontrado).

No primeiro trabalho que escrevi sobre o tema, em 1979, eu mostrava que era possível utilizar determinada construção para resolver, em parte, o problema. No fim, displicentemente acrescentava: "Esta construção pode ser generalizada para chegar à solução completa".

Como sempre acontece com artigos científicos, antes da publicação, o meu também foi enviado para um avaliador, ou seja, um colega capaz de analisar se o trabalho era digno de ser publicado ou não. Seu comentário foi mais ou menos este: "O que Parisi está fazendo é absolutamente incompreensível; no entanto, como as equações dão resultados de acordo com as simulações numéricas, o trabalho pode até ser publicado. No que diz respeito à generalização da abordagem ao caso mais complicado, não vale o papel em que foi escrito". O artigo foi publicado, mas cortei a última parte.

Deixando as anedotas de lado, a verdade é que eu mesmo não entendia o que estava fazendo. Tinha encontrado algumas regras para poder tratar o problema, as aplicava e no final, depois de uma série de passagens, surgiam algumas equações que tinham um significado e, o que era fundamental, reproduziam os dados das simulações numéricas e forneciam um valor positivo para a entropia.

Mas eu não entendia o que acontecia no "meio dos cálculos": era como entrar num túnel e depois se ver fora, do outro lado.

No artigo seguinte, o acordo entre os resultados da teoria e as simulações sugeria que a teoria podia ter um sentido, mas esse sentido continuava obscuro.

O fato físico que eu não compreendia estava ligado ao que os físicos chamam de parâmetro de ordem. As passagens de estado num sistema, como vimos, geralmente se caracterizam pela variação de um parâmetro. Por exemplo, o parâmetro de ordem para estudar a transição entre um líquido e um gás é a densidade. No caso da transição magnética, o parâmetro de ordem a ser estudado é a magnetização. Esses parâmetros variam durante as transições de fase, assumindo diversos valores numéricos cujo significado físico, como o da densidade ou da magnetização, é muito fácil de compreender.

Surpreendentemente, no caso dos meus resultados para os vidros de spin, o parâmetro de ordem já não era um simples número cujo valor mudava durante a transição: o que variava durante a transição era uma função. Não bastava um ponto para caracterizar a transição, eu tinha de usar uma função composta não mais por um único número, mas por infinitos números.

O que representava fisicamente essa função? Ter uma função no lugar de um número como parâmetro de ordem para uma transição indicava também o divisor de águas para a utilização normal do método das réplicas. Quando o parâmetro era apenas um número, o método das réplicas funcionava e dava resultados absurdos; no entanto, se o parâmetro de ordem fosse uma função, ou seja, um conjunto infinito de números (assim como uma linha pode ser vista como um conjunto infinito de pontos), então o método das réplicas levava a resultados coerentes.

Claramente devia existir um profundo significado físico ligado à necessidade de ter um número infinito de parâmetros (ou seja, uma função) para descrever a transição do sistema, mas na época aquele significado era totalmente incompreensível.

UMA MATEMÁTICA ESTRANHA

Antes de chegar à física, vamos tentar compreender qual modificação tinha sido necessária do ponto de vista matemático.

Para fazer o método das réplicas funcionar, tive de "estendê-lo". A possibilidade de estender um método matemático baseia-se numa ideia antiga: provavelmente o primeiro a utilizá-la foi Nicolau de Oresme, um bispo, matemático, físico e economista francês, que viveu no século XIV.

Nicolau de Oresme foi um personagem incrível, a demonstração evidente de que a Idade Média não foi aquela época tão obscura para a ciência como se costumava dizer em livros didáticos. Entre as tantas coisas que dão uma ideia de suas capacidades, escreveu um livro (por volta de 1360!) a respeito da distorção causada pela refração atmosférica sobre a posição das estrelas. Claro que eu não li inteiro, está em latim... Seja como for, do ponto de vista conceitual, seu raciocínio estava correto. Provavelmente teve a ideia observando o Sol ficando achatado no horizonte ao se pôr e isso lhe sugeriu que devia haver uma distorção. Calcular essa distorção é muito importante para fazer observações astronômicas precisas, porque a posição aparente das estrelas deve ser corrigida em até dois ou três graus.

Voltando ao nosso tema, Oresme foi o primeiro a perceber que elevar um número a $½$ equivalia a extrair sua raiz quadrada.

O processo agora parece banal para nós, que estudamos isso desde o ensino médio e não nos damos conta do salto lógico que Oresme fez ao estender para os números fracionários as propriedades das potências, até então reservadas exclusivamente aos números inteiros.

A ideia de elevar um número à potência é muito simples: elevar um número ao quadrado significa multiplicar um número por ele mesmo ou, ainda, escrever o mesmo número duas vezes e efetuar uma multiplicação entre eles. Para elevá-lo ao cubo, é preciso escrever o número três vezes e obter o produto e assim por diante. Portanto, elevá-lo a ½ aparentemente parece uma operação absurda: o que significa "escrever meia vez" um número? A ideia de Oresme foi estender uma propriedade de elevação à potência: aquela na qual é preciso multiplicar os expoentes para elevar à potência um número já elevado à potência. 2^2 elevado ao cubo equivale a 2^6 (ou seja, 64, isto é, 4^3).

Se elevando ao quadrado um número elevado a ½ obtemos o número de partida (visto que 2 vezes ½ é igual a 1), isso significa que elevar a ½ equivale a extrair a raiz quadrada: de fato, a raiz quadrada de um número elevado ao quadrado é o próprio número.

Essas propriedades são obtidas formalmente, porque tomar meia vez um número não tem sentido; as propriedades formais, porém, garantem um resultado coerente. Nicolau de Oresme superou o ponto de vista original, de compreensão imediata, mas mantendo as propriedades formais obteve um método muito simples para resolver até operações complexas.

Desde Oresme, a matemática muitas vezes avançou estendendo propriedades de modo formalmente correto em novas condições e ampliando assim os seus horizontes.

Para resolver meu problema, usei um método semelhante. Apliquei formalmente técnicas matemáticas desenvolvidas e verificadas apenas para números inteiros, esperando que as propriedades do formalismo permanecessem válidas também para números não inteiros.

A ideia que tive foi uma extensão da análise combinatória. Esta, por exemplo, me diz quantas maneiras existem para organizar dez objetos em pares dentro de cinco gavetas. Estendendo-a, posso usar a mesma equação para descobrir de quantas maneiras organizar cinco objetos em dez gavetas, de modo que em cada gaveta haja "meia vez" um objeto. Obviamente o resultado fará pouco sentido, porque do ponto de vista prático a operação não pode ser feita, não corresponde a cortar o objeto ao meio; é como dizer que o número de objetos que estão na gaveta é um meio. Mas para obter uma solução normal, que se refere a coisas reais, eu tinha de passar por esses objetos imaginários: gavetas que continham meia vez um objeto, um número total de objetos que não era inteiro, e um número total não inteiro de maneiras em que se podiam colocar as coisas não inteiras nas gavetas!

Partindo desse procedimento, minha ideia foi dividir os objetos ao meio e depois novamente ao meio e ao meio, fazendo os objetos nas gavetas tenderem a zero.

Como é óbvio, esse é um procedimento exclusivamente matemático, com pouco sentido físico; mas levava a resultados corretos e compatíveis com os dados das simulações.

Dois problemas permaneciam em aberto: demonstrar que matematicamente tinha sentido realizar tal operação e compreender fisicamente o significado de o parâmetro de ordem ser descrito por uma função e não por uma única variável.

A INTERPRETAÇÃO FÍSICA

Depois de poucos anos, a linguagem matemática do método das réplicas tinha sido traduzida para a linguagem da física estatística, muito mais compreensível, ainda que a formulação fosse bem mais prolixa.

A partir de uma série de indícios, eu e meus amigos Marc Mézard, Nicola Sourlas, Gérard Toulouse e Miguel Virasoro conseguimos entender o significado físico do resultado, uma característica comum a todos os sistemas desordenados: os sistemas desordenados encontram-se simultaneamente num número elevadíssimo de estados diferentes de equilíbrio. Era uma descoberta totalmente inesperada.

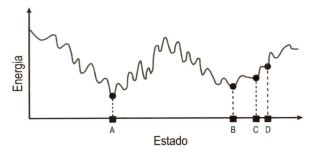

Figura 8. *A baixas temperaturas o sistema pode estar em qualquer um dos numerosos estados representados pela linha.*

Como vemos na figura 8, o sistema pode se encontrar em qualquer um dos estados ao longo da linha desenhada (como exemplo, vejam-se quatro bolinhas indicadas por A, B, C e D que representam quatro das inúmeras possibilidades que um sistema pode apresentar). Os estados do sistema têm energias diferentes e há muitos mínimos (vales) de energia nos quais o sistema atinge seu equilíbrio. No estado marcado por A, o sistema também se encontra no ponto mais baixo da região, assim como no estado B, porém nos estados C e D o sistema se encontra num vale pouco profundo (ou seja, uma situação de equilíbrio da qual só sairá com a elevação da temperatura do sistema), mas que não representa um mínimo daquela região.

No gráfico observam-se também duas depressões mais amplas (a região em volta de A e a região em volta de B), cada qual com pequenos vales. Podemos chamá-las zona M e zona N (figura 9). Quando o sistema, resfriando-se, cai num estado da região N (por exemplo, qualquer um dos estados B, C ou D), tenderá a permanecer naquela região mesmo com o aumento da temperatura, se o aumento não for muito elevado. O sistema evoluirá, portanto, no interior de uma região, ou seja, de um conjunto de configurações selecionadas pela história do sistema, ou melhor, da região, entre inúmeras possibilidades em que o sistema veio a se encontrar com a redução da temperatura.

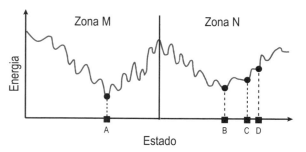

Figura 9. *Duas zonas amplas e distintas em que o sistema pode evoluir.*

Normalmente um sistema físico encontra-se num único estado. Por exemplo, a água a certa temperatura e a certa pressão ou é líquida ou é sólida ou é um gás. Há casos particulares em que o sistema pode apresentar dois estados, geralmente denominados fases. A 100 °C a água pode estar simultaneamente na fase líquida e na fase gasosa. Existe também um único valor de pressão e temperatura em que a água se encontra nas três fases: sólida, líquida e gasosa. É o famoso "ponto triplo" da água, e não é famoso por acaso. De fato, um sistema geralmente está numa única fase. Um sistema desordenado a baixa temperatura, ao contrário, apresenta um número muito elevado de fases simultaneamente. Eis o sentido do parâmetro de ordem que se torna uma função, ou seja, um conjunto de valores infinitos.

Compreender esse fato foi um verdadeiro avanço para a física. A construção de um modelo sintético e sua solução nos permitiram descobrir um fenômeno cuja existência ignorávamos: abrimos a porta para o mundo dos sistemas desordenados.

A partir da interpretação física conseguimos chegar à matemática. Para a demonstração matemática foram necessários mais de vinte anos e os trabalhos de Francesco Guerra e seus colaboradores foram fundamentais para encontrar o fio da meada. Os argumentos utilizados na demonstração são realmente engenhosos em sua simplicidade: mas tudo parece simples *a posteriori*.

DO MODELO À REALIDADE

A solução encontrada para os vidros de spin é uma boa base de partida para o estudo dos vidros verdadeiros, os das janelas, cujo comportamento ainda não tem uma compreensão física completa. Estou trabalhando desde a metade dos anos 1990, de forma intermitente, em chegar a uma descrição que nos permita compreender todos os aspectos das transições vítreas.

Assim como os vidros de spin, o vidro real também é um sistema desordenado; a desordem deve-se ao fato de que o vidro não é formado apenas por silício, mas também por muitas impurezas, muitas moléculas de tipos diferentes, de dimensões diferentes, misturadas entre si. O vidro, portanto, é incapaz de cristalizar porque para cristalizar são necessárias estruturas regulares. A desordem das ligas metálicas chamadas vidros de spin deve-se, como vimos, à casualidade da disposição dos átomos de ferro no interior do ouro: quando o metal é líquido, os átomos de ferro podem mover-se de maneira casual no ouro, mas quando a liga se resfria eles conseguem se mover cada vez menos e ficam presos em posições aleatórias.

Enquanto estamos tentando chegar a uma compreensão concreta dos processos reais, tudo isso nos parece terrivelmente complicado, mas quando o trabalho termina parece simples. Quando estudamos nos livros uma teoria de física ou um teorema matemático tudo parece bem claro. Desaparece completamente a quantidade de trabalho complicado que foi necessária para obter o resultado.

Outro problema interessante a ser enfrentado é a passagem do modelo esquemático, como o dos vidros de spin que acabamos de ilustrar, a um modelo mais realista em que as forças entre os spins sejam descritas em maior detalhe, por exemplo considerando a distância recíproca entre os spins.

A transição de fase acontece através das interações entre objetos que têm uma separação espacial precisa, algo que não é levado em conta no modelo simplificado discutido anteriormente.

Além de carecer de estrutura espacial, o modelo simplificado não considera sequer a evolução temporal.

As técnicas de mecânica estatística são "fáceis" de utilizar quando o sistema a ser estudado está em equilíbrio, ou seja, quando permanece estável ao longo do tempo. Para um sistema desordenado, como o vidro ou a cera, o tempo necessário para chegar à condição de equilíbrio geralmente é muito alto: pode levar anos ou séculos. Isso ocorre também para os vidros das nossas janelas, mas ali são usadas algumas técnicas industriais para torná-los mais rígidos.

Se um processo físico não está na condição de equilíbrio, existe um sentido do tempo porque sempre é possível distinguir um antes de um depois, o que não acontece nos sistemas em equilíbrio.

Banalizando, se uma bola se encontra numa situação de equilíbrio estável (ou seja, parada no fundo de um vale) e tiramos algumas fotos dela, nunca conseguiremos colocá-las na ordem cronológica em que foram tiradas, uma vez que a situação não apresenta nenhum sinal de mudança. As coisas mudam, no entanto, se tiramos fotos de uma bola rolando para baixo: numa situação de não equilíbrio a sequência temporal é evidente.

Temos, portanto, o problema de estender a teoria no tempo, dada a situação de não equilíbrio, e de estendê-la no espaço porque os processos ocorrem no espaço e as interações ocorrem apenas entre partículas vizinhas. Em suma, para compreender totalmente as transições vítreas, ainda temos muito trabalho pela frente.

AMPLIAR A PERSPECTIVA

Eu tinha partido da ideia de verificar uma técnica matemática que me serviria para resolver um problema de partículas (e para aquele problema a técnica das réplicas na sua versão original funciona magnificamente) e me deparei com um instrumento matemático e conceitual muito potente e útil para resolver uma vasta gama de problemas aparentemente não conectados entre si: os problemas relativos a sistemas desordenados.

O mundo real é desordenado e, como dissemos no início, muitas situações do mundo real podem ser descritas por um número elevado de agentes elementares que interagem entre si.

As interações podem ser descritas com regras simples, mas os resultados da ação coletiva podem realmente surpreender.

As entidades elementares são spins, átomos ou moléculas, neurônios, células em geral, mas também páginas da internet, agentes da Bolsa de Valores, ações e obrigações, pessoas, animais, componentes de ecossistemas e assim por diante...

Nem todas as interações entre as entidades elementares geram sistemas desordenados. A desordem nasce do fato de que algumas entidades elementares se comportam de maneira diferente das outras: alguns spins tentam se alinhar ao contrário, alguns átomos são diferentes da maioria dos outros, alguns operadores financeiros vendem ações que os outros compram, alguns convidados para um jantar sentem antipatia e querem ficar longe de algum outro convidado...

Pois bem, em todos esses casos desordenados, o instrumento matemático e conceitual que encontrei é indispensável para resolver os problemas.

Recentemente, por exemplo, chegamos a resultados importantes ao tentar resolver o problema de colocar numa caixa o maior número possível de esferas sólidas com dimensões diferentes. É um problema muito interessante porque as esferas sólidas de diversas dimensões são usadas para construir modelos de líquidos, de cristais, de sistemas coloidais, de sistemas granulares e de poeira. Além disso, o "empacotamento" de esferas sólidas está relacionado a importantes problemas de otimização e da teoria da informação.

NOS OMBROS DE GIGANTES

Foi Galileu Galilei quem encontrou uma maneira muito potente para investigar a natureza: simplificar os fenômenos. Construiu uma teoria em que se ignorava totalmente o atrito: observem que num mundo desprovido de atrito não poderíamos nem sequer caminhar (escorregaríamos) ou comer (o alimento cairia dos pratos). O mundo galileano no qual se iniciou a física moderna é completamente diferente do mundo real; depois, com o passar dos séculos, foram acrescentados outros elementos até fazê-lo se tornar, nos dias de hoje, uma aproximação satisfatória do mundo real. Esse ponto de vista é bem traduzido por um trecho muito bonito sobre o movimento dos corpos presente numa carta de Evangelista Torricelli.

> Que os princípios da doutrina do movimento sejam verdadeiros ou falsos importa muito pouco para mim. Pois, se não são verdadeiros, finja-se que são verdadeiros como supusemos, e depois tomem-se todas as outras especulações derivadas desses princípios, não como coisas mistas, mas puras geometrias. Eu finjo ou suponho que algum corpo ou ponto se move para baixo e para cima com a conhecida proporção e horizontalmente com movimento equitativo [traduzindo em linguagem moderna, "se mova na ausência de atrito atmosférico"]. Quando isso ocorrer, digo que seguirá tudo o que Galileu disse e eu também. Se depois as bolas de chumbo, de ferro e de pedra não observam aquela suposta proporção, problema delas: nós diremos que não era delas que falávamos.

Contudo, para Torricelli, que também era um excelente físico experimental, estava claro que a compreensão dos movimentos dos corpos na ausência de atrito precedia a compreensão dos fenômenos com atrito e, portanto, era uma passagem obrigatória.

Partindo da capacidade de reduzir os fenômenos físicos ao essencial, a física dos últimos séculos foi desenvolvida. E a física se tornou poderosa e rica a ponto de poder novamente introduzir nos próprios modelos a complexidade e a desordem, que Galileu tivera de excluir.

Trocas de metáforas entre física e biologia

> *Um único neurônio não constitui uma memória, muitos neurônios juntos, sim. O mesmo vale para os tijolos: uma coisa é a ciência do tijolo único, outra coisa é a arquitetura.*

A ciência baseia-se em provas experimentais, demonstrações analíticas, teoremas. Na base da construção científica, porém, há uma grande constelação de raciocínios intuitivos. Também na ciência — assim como nas artes e em tantas outras atividades humanas — primeiro vem a intuição e depois se chegam às certezas. Dois exemplos são emblemáticos.

Quando Enrico Fermi e seus colaboradores descobriram que os nêutrons lentos eram extremamente mais eficazes para induzir a transmutação radioativa de muitos elementos, a chave da descoberta foi a substituição, no início do experimento, de um tijolo de chumbo, que servia para proteger os nêutrons, por um tijolo de parafina. Fermi agiu por impulso, sem refletir, e como consequência dessa mudança observou-se um aumento impressionante do sinal nos medidores de radioatividade (mais de uma centena de vezes). Amaldi, Pontecorvo, Rasetti e Segrè ficaram boquiabertos: Fermi explicou muito rapidamente que a parafina desacelerara os nêutrons e os nêutrons lentos deviam ser muito mais eficazes que os rápidos. E quando Amaldi lhe perguntou: "Como teve a ideia de colocar parafina no lugar do chumbo?", ele respondeu: "Com minha formidável intuição".

Meu colega da Accademia dei Lincei Claudio Procesi afirma que a diferença entre um bom e um mau matemático é que o bom logo percebe quais são as afirmações matemáticas verdadeiras e quais são as falsas, enquanto um mau precisa demonstrá-las para distinguir as verdadeiras das falsas.

Nesses dois exemplos a intuição é extremamente importante. Os instrumentos usados vão bem além da lógica formal e é muito interessante investigar os raciocínios intuitivos que estão na base do progresso científico, como as metáforas, que têm um papel decisivo na transferência de imagens e de ideias entre diferentes áreas no mesmo período histórico.

Se examinamos com atenção um período histórico, podemos perceber a existência de um espírito do tempo: muitas vezes conseguimos encontrar correspondências e semelhanças não apenas entre disciplinas científicas diferentes, como poderiam ser a biologia, a física e assim por diante, mas até mesmo entre a música, a literatura, a arte e a ciência. Basta pensar na crise de certo racionalismo no início do século XX, nas mudanças simultâneas na pintura, na literatura, na música, na física, na psicologia... Todas essas áreas, muito distantes umas das outras, comunicam-se entre si e é razoável pensar que as metáforas têm um papel importante na formação do senso comum.

Infelizmente, nas ciências em geral, e de maneira cada vez mais acentuada nas ciências "duras", muitas vezes não permanece vestígio nenhum das passagens intermediárias necessárias para obter um resultado e já não conseguimos saber o que inspirou um cientista a ter determinada ideia, porque — sobretudo em matemática, mas também em física e nas outras disciplinas científicas — as considerações extracientíficas não permanecem na formulação escrita dos artigos e dos livros. O texto é absolutamente depurado, redigido numa linguagem formal em que raramente há alusões a temas não técnicos. Às vezes resta algum traço de argumentações pré-científicas em textos de natureza mais geral (por exemplo, nos de Poincaré), em que se encontram raciocínios metacientíficos, mas quase na totalidade dos textos escritos por cientistas esses temas são tabu.

A PROBABILIDADE

Ao buscar um exemplo concreto de possível transferência de ideias entre disciplinas diferentes, comecei a refletir sobre o uso da probabilidade nas ciências. Um dos primeiros âmbitos do emprego da probabilidade, para além do jogo de dados e das cartas, é a estatística — a ciência dos estados, como diz a própria palavra —, e no século XIX vários economistas e sociólogos, como Adolphe Quetelet, fizeram contribuições muito importantes para a estatística e para o cálculo das probabilidades. Enquanto isso, na segunda metade do século XIX, de maneira aparentemente independente, Maxwell e Boltzmann introduziram a probabilidade e a estatística na física em nível microscópico, com o objetivo de compreender (como queriam fazer os economistas) os comportamentos coletivos. Nos mesmos anos foi formulado o mecanismo da seleção darwiniana: as características genéticas mudam de modo aleatório e, sucessivamente, as mutações são selecionadas. Para Darwin, o ponto-chave da teoria da evolução é o conceito de seleção entre várias possibilidades diferentes.

Com a descoberta de Mendel, no início do século XX, o substrato físico sobre o qual atua a evolução é identificado com os genes; a teoria darwiniana se torna o paradigma dominante da biologia. É impressionante notar que, se consideramos um campo extremamente distante da biologia, ou seja, a mecânica quântica, a interpretação da escola de Copenhague (final dos anos 1920) revela muitas semelhanças com a seleção darwiniana; um sistema quântico pode apresentar vários estados diferentes e o experimento (ou a observação) seleciona uma entre as várias possibilidades de maneira casual.

Tanto na teoria darwiniana como na mecânica quântica a evolução (quer biológica, quer física) passa pela proposta de novas possibilidades e por uma seleção sucessiva. Como é óbvio, os detalhes são fundamentalmente diferentes: na evolução natural, as novas possibilidades surgem de maneira aleatória e a escolha é determinista (a sobrevivência do mais apto), enquanto na mecânica quântica o estado se desenvolve de maneira determinista e a medição escolhe aleatoriamente entre as várias possibilidades de resultado do experimento. Mas, para além das diferenças, há fortes semelhanças entre as duas formas de proceder: é possível que Niels Bohr, Max Born e os outros expoentes da escola de Copenhague conhecessem a teoria darwiniana da evolução e tivessem sido de algum modo influenciados por ela. Infelizmente, nos trabalhos técnicos mais conhecidos e traduzidos em inglês não se encontram vestígios disso. Não sendo historiador, não posso jurar que não falem desse assunto em algum texto pouco conhecido, mas também é possível que os próprios autores não tenham percebido o peso da influência de Darwin e jamais tenham escrito algo a esse respeito.

OS RISCOS DAS METÁFORAS

É preciso fazer uma distinção muito clara entre o uso da metáfora como instrumento heurístico e o uso da metáfora, da assonância e das outras figuras retóricas como base do raciocínio, até chegar ao extremo em que a lógica é substituída pela retórica. Considero essa segunda maneira de proceder perniciosa; são transpostos para uma linguagem diferente conceitos que não podem ser traduzidos naquela linguagem, deformando-os sem que se perceba; não é de admirar se muitas vezes os resultados obtidos sejam totalmente arbitrários. Às vezes, ao fazer assim, se geram monstros, como por exemplo a sociobiologia, em que argumentações e metáforas biológicas são transferidas, sem nenhum controle, para o campo social; ao qual não deveriam ser aplicadas, porque nesse campo as hipóteses implicitamente subentendidas não são de modo algum corretas. Assim, chega-se a conclusões perigosas, que são utilizadas politicamente para produzir teorias aberrantes como o darwinismo social.

Esse uso descuidado da metáfora é às vezes comum em alguns setores das ciências humanas, com resultados igualmente negativos, embora menos perigosos. A esse respeito não posso deixar de falar do famoso trote de Sokal. A fim de chamar a atenção para os procedimentos pseudofilosóficos e pseudocientíficos, o físico norte-americano Alan D. Sokal escreveu um artigo utilizando o estilo metafórico de intelectuais como Lacan, Derrida e muitos outros. O artigo (*Transgressing the Boundaries: Toward a Transformative Hermeneutics of Quantum Gravity* [Transgredindo as barreiras: Em direção a uma hermenêutica transformadora da gravidade quântica]) baseava-se numa série de metáforas físicas, sociológicas, psicológicas tão insensatas que, se Sokal as tivesse formulado realmente acreditando nelas, todos os seus colegas o tomariam por louco. Sabendo muito bem que o que escrevia não tinha sentido, Sokal construiu uma série de comparações malucas, com um poderoso aparato crítico, tendo o cuidado de manter o estilo refinado e acadêmico. Incrivelmente o artigo foi aceito pelo conselho de redação e publicado numa das revistas mais renomadas do setor (*Social Text*). O escândalo explodiu quando Sokal declarou publicamente que escrevera algo insensato: o embaraço foi enorme, tanto que alguns tentaram se justificar afirmando até que o texto de Sokal provavelmente tinha um sentido concreto independente das intenções do autor. O artigo, disponível na internet, é muito divertido e quem consegue entender a parte física das metáforas fica admirado com a imaginação quase inesgotável do autor.

Apesar dos excessos destacados por Sokal, as metáforas têm um papel muito importante na divulgação científica, quando se deseja explicar uma descoberta aos leigos. Não raro, porém, elas reaparecem na linguagem comum de maneira tão imprecisa que é difícil aceitá-las. É natural que as metáforas não sejam fiéis: isso ocorre comumente quando as palavras de uma linguagem são usadas em outra com um significado diferente. No entanto, esse fenômeno, embora compreensível, deixa os cientistas bastante irritados.

Considero particularmente irritantes expressões do tipo: "Está escrito no DNA da esquerda". Toda vez que as ouço, não consigo deixar de pensar que o DNA é a base da transmissão genética das características, uma transmissão darwiniana, enquanto a cultura se transmite de maneira totalmente diferente, mediante características adquiridas, transformações que são passadas, de maneira lamarckiana, de pai para filho. Pensar que a cultura possa ser transmitida no DNA choca-se com os princípios básicos da teoria da evolução.

Por sua vez, os matemáticos se irritam com o uso descuidado da palavra "teorema"; no jornalismo político, uma teoria se tornou sinônimo de raciocínio arbitrário, muitas vezes feito por um juiz. Para um jornalista, um teorema é uma tese formalmente correta, mas construída a partir de hipóteses equivocadas, um silogismo, entendido como raciocínio capcioso. Não podemos dizer que os jornalistas estão totalmente equivocados: às vezes alguns cientistas partem de hipóteses inadequadas (por exemplo, "vamos supor que um cavalo tenha uma forma esférica") e com um raciocínio matemático chegam a conclusões ambíguas que são apresentadas como teoremas. Ora, a matemática é um método formalmente correto e um teorema afirma corretamente que de certas hipóteses seguem-se determinadas consequências; não é de admirar que, partindo de hipóteses não verdadeiras, se chegue a conclusões não verdadeiras. O problema nasce do fato de que muitas vezes as hipóteses são falsas, mas bem escondidas e difíceis de identificar, e que os resultados, igualmente falsos, são exibidos como verdadeiros por serem consequência de um teorema. Casos desse tipo são muito comuns, desde as argumentações do final do século XIX em que se demonstrava que um avião não poderia voar, ou que a teoria da evolução darwiniana estava errada, uma vez que a idade da Terra era no máximo de 20 milhões de anos. Alguns exemplos de raciocínios falaciosos tornaram-se famosos, e é precisamente a esse tipo de "teoremas" que a metáfora alude.

MODOS DE PENSAR

Na física, ao contrário, as metáforas são muitas vezes usadas em situações de crise, em acirradas discussões metacientíficas, quando não é claro quais devem ser as leis físicas. Vejamos alguns exemplos.

Einstein não considerava nem um pouco satisfatória a mecânica quântica, mesmo tendo contribuído mais do que qualquer outro para seu nascimento: para ele, "a mecânica quântica não era o verdadeiro Jacó". Einstein contestava principalmente a interpretação de Copenhague na qual a probabilidade tinha um papel fundamental: a teoria física *devia* ser determinista. Assim nasceu sua famosa frase "Deus não joga dados", à qual parece que Bohr respondeu: "Einstein, pare de dizer a Deus o que ele pode ou não fazer".

No final dos anos 1950, descobriu-se que as interações fracas (as forças responsáveis pelos decaimentos radioativos) não conservam a paridade: em outros termos, olhando uma gravação de um experimento sobre as interações fracas, podemos entender se a paridade foi conservada ou se a direita foi invertida com a esquerda. Esse resultado era completamente inesperado, porque as outras forças da natureza não distinguem a direita da esquerda. Houve um grande desconcerto, bem resumido pela frase de Pauli: "Não admiro tanto que Deus seja canhoto, e sim que seja apenas ligeiramente canhoto".

Às vezes é difícil entender se algumas argumentações são metáforas, analogias ou até procuram ter um significado ontológico. Nos séculos XVII e XVIII, a física era dominada pelo mecanicismo: toda lei física devia ser explicada em termos de máquinas, às vezes invisíveis ou microscópicas. As máquinas agiam por intermédio das interações por contato entre as partes. Nesse quadro conceitual, as forças a distância eram absolutamente indigestas. Ao propor a lei de gravitação universal (que pressupõe a interação à distância entre os corpos que se atraem por causa da gravidade mesmo que não se toquem; ou melhor, esses corpos podem ser até muito distantes como os planetas em torno do Sol), o próprio Newton se safou com um "*hypotheses non fingo*", supondo implicitamente que depois outros tratariam de entender qual era o modelo mecânico por trás daquilo.

A gravidade como força atuante à distância permaneceu um escândalo por mais de um século, tanto que muitos tentaram propor uma explicação mecanicista para ela. Numa tentativa (talvez a mais engenhosa) supunha-se que o espaço era preenchido por uma radiação onipresente e que os objetos eram impelidos por essa radiação. Normalmente, a radiação vem de todas as partes e as forças induzidas se compensam; quando há dois objetos próximos, um faz sombra sobre o outro, a radiação os impele a se aproximar e essa seria a origem da força de gravidade. O mecanismo básico sobreviveu até o início do século XX: o vácuo tornou-se um meio mecânico (o éter) e suas oscilações foram interpretadas como a causa dos campos elétricos e magnéticos.

METÁFORAS, MODELOS E ANALOGIAS

Também na biologia encontramos metáforas persistentes que tiveram um papel importante. Por exemplo, no século XVII o organismo era visto como uma máquina com componentes muito pequenos, tão pequenos que não podiam ser vistos. Na segunda metade do século passado, após a descoberta do papel fundamental da informação codificada no DNA, foi introduzida a metáfora do computador, em que o hardware é o aparelho proteico e o software está no DNA. A metáfora (software/DNA e hardware/proteínas) teve um enorme sucesso, por seu grande poder explicativo e por resumir bem o estado dos conhecimentos da época. Em seguida, percebeu-se que a interação entre proteínas e DNA era muito mais complexa: o próprio DNA modifica a si mesmo e as descobertas subsequentes pouco a pouco tornaram essa metáfora obsoleta, embora ela continue a ser usada com frequência.

Atualmente, em biologia nos deparamos com novas metáforas. Algumas — por exemplo — baseiam-se na complexidade, na ideia de que, na presença de um grande número de agentes interatuantes (moléculas, genes, células, animais, espécies, dependendo do nível da discussão), existem fenômenos novos surgidos da interação coletiva. Tende-se, portanto, a deslocar o destaque para esses fenômenos e para explicar seu comportamento usam-se ideias e metáforas emprestadas da física. Entre as inúmeras ideias importadas destacam-se as redes (por exemplo, as redes metabólicas) ou a geometria fractal (usada para o estudo da forma dos pulmões, dos ramos das árvores ou da estrutura da couve-flor).

A física se caracteriza por um grande uso de modelos, e os modelos são um tipo de metáfora. Impressionou-me uma discussão entre Giovanni Jona-Lasinio e Tommaso Castellani sobre a resistência dos físicos às metáforas e sobre sua tendência a desmontá-las. Em síntese, Jona afirmara que a comparação entre as ondulações no milharal e as ondas do mar não é uma metáfora, na medida em que as equações que descrevem as ondas do mar são semelhantes às equações que descrevem o movimento do milharal: em última análise, são o mesmo fenômeno, não uma metáfora um do outro. Castellani, ao contrário, notava que para a grande maioria das pessoas a ondulação do milharal e as ondas do mar parecem dois fenômenos intrinsecamente diferentes.

A que se deveu a tendência dos físicos de desmontar as metáforas? Para responder a essa pergunta é preciso refletir sobre o que é a física como ciência e como ela se situa em relação à matemática e às outras ciências naturais. O físico pode ser considerado um matemático aplicado. Ele parte de um problema concreto e o traduz na linguagem da física, que, a partir de Galileu, é a matemática. O físico às vezes usa a matemática de maneira agramatical, mas, como disse Jona, não seguir todas as regras da gramática é uma licença concedida aos poetas.

Mas o que é exatamente a matemática? É uma ciência que atua sobre símbolos depurados de todo significado concreto; como diz Bertrand Russell, "a matemática é aquela ciência que não sabe do que está falando". O motivo é simples: se afirmamos que 2 + 3 são 5 — podem ser 2 telefonemas + 3 telefonemas que completam 5 telefonemas, ou 2 vacas + 3 vacas, que correspondem a 5 vacas —, não temos nenhuma ideia do que são os 5 "objetos" em questão. Isso vale para um nível de abstração extremamente baixo e se torna cada vez mais relevante à medida que avançamos para conceitos mais abstratos. Os objetos matemáticos são depurados de toda aparência sensível e, portanto, as proposições matemáticas, como as proposições lógicas, têm um valor universal.

Um físico, ao contrário, traduz os fenômenos concretos numa linguagem matemática em que muitas de suas características corpóreas se perdem e permanecem apenas as essenciais para estudar o fenômeno. As oscilações no milharal e as ondas do mar são descritas por equações muito semelhantes: depois de terem sido representadas com a mesma equação, deixam de ser uma metáfora uma da outra para se tornarem diferentes encarnações físicas da mesma representação matemática. Na realidade, as equações do milharal e das ondas marinhas não são exatamente as mesmas, mas pertencem à mesma família, ou seja, ambas admitem a propagação das ondas. No caso do milharal, a velocidade de propagação das ondas é independente do comprimento de onda — a distância entre duas ondas sucessivas —, ao passo que no caso das ondas marinhas a velocidade é proporcional à raiz quadrada do comprimento de onda, de modo que as ondas de tsunamis, que são extremamente longas, viajam a uma velocidade elevadíssima.

FERTILIZAÇÃO CRUZADA

Para os físicos foi muito importante — como ressaltou Jona — descobrir que sistemas totalmente diferentes têm a mesma descrição matemática. Às vezes, porém, as equações são as mesmas, mas as expressões matemáticas que correspondem às quantidades observáveis são distintas. Nesse caso — que é o mais interessante — o comportamento observado nos dois sistemas pode ser muito diferente; eles podem até pertencer a campos completamente distintos da física (por exemplo, a física do estado sólido e a física das partículas) e sua confluência numa mesma representação matemática pode ser uma surpresa.

Ao se perceber que dois campos da física muito diferentes podem ser atribuídos à mesma estrutura matemática, com frequência ocorre um rápido avanço dos conhecimentos, na medida em que os dois campos se fertilizam reciprocamente. Caso os dois sistemas tenham sido bem estudados, pode-se aplicar ao segundo campo a infinidade de resultados e de técnicas obtidas no primeiro (após a devida tradução). Em geral, quando o mesmo sistema matemático formal tem duas realizações físicas completamente distintas, pode-se utilizar a intuição física em ambos os sistemas para obter preciosas informações complementares.

Num de seus trabalhos de 1961, escrito com Yoichiro Nambu, Jona descrevia uma analogia entre o vácuo quântico e a supercondutividade. O uso da palavra "analogia" é muito datado. Entre a metade dos anos 1960 e os anos 1970 percebeu-se que o cálculo das propriedades estatísticas de um material e a estrutura do vácuo quântico são dois aspectos diferentes do mesmo problema matemático. As informações vindas de experimentos com metais (por exemplo, sabemos que certos materiais são supercondutores) nos esclarecem sobre possíveis comportamentos do vácuo quântico. A partir dos anos 1980, a palavra "analogia" desapareceu e passou-se a preferir uma frase como esta: "Conjecturamos que o vácuo quântico seja supercondutivo".

A relação entre a mecânica estatística dos materiais e a física quântica das partículas elementares foi realmente importante. Talvez o exemplo mais significativo dessa relação tenha sido o trabalho iniciado por Giovanni Jona-Lasinio e Carlo Di Castro, que foram os primeiros a aplicar o grupo de renormalização no estudo das transições de fase. De fato, como vimos, o grupo de renormalização, que tinha sido desenvolvido no âmbito da teoria quântica e relativista dos campos, e todas as técnicas refinadas naquele contexto foram aplicadas à mecânica estatística dos fenômenos críticos, gerando um grande sucesso (testemunhado pelo prêmio Nobel a Ken Wilson). As técnicas baseadas no grupo de renormalização foram cruciais para compreender os fenômenos críticos e sucessivamente passaram a integrar a física das partículas elementares; durante a viagem de ida e volta, foram enriquecidas com novas ideias e uma nova compreensão física dos fenômenos, e só a partir daquele momento o grupo de renormalização começou a ter um papel fundamental na física das partículas elementares.

Em casos semelhantes não me parece possível falar de metáfora: essa fertilização cruzada é muito diferente das figuras retóricas tradicionais; a mesma abstração matemática pode ser projetada para sistemas físicos diferentes e cada uma dessas perspectivas nos ilumina sobre aspectos distintos. Consideremos, por exemplo, os sistemas complexos, compostos por muitos agentes. Às vezes o mesmo modelo matemático pode ser aplicado no estudo do comportamento de exóticos sistemas magnéticos a baixas temperaturas (os vidros de spin), no funcionamento do cérebro, no comportamento de grandes grupos de animais e na economia. Num caso como esse, utilizar conclusões que vêm de um campo para fazer previsões em outro não é exatamente recorrer a uma metáfora, porque esses sistemas têm uma formalização matemática semelhante. É mais uma tentativa de transportar conceitos de uma disciplina para outra, uma tentativa justificada da correspondência comum às mesmas estruturas matemáticas.

Concluindo, comecei a procurar metáforas, mas em seguida prevaleceu em mim a tendência dos físicos a desmontá-las. Espero ao menos ter explicado com clareza a origem desse costume. Sei que saí do tema, mas às vezes sabemos de onde partimos e não aonde chegaremos.

Como nascem as ideias

Na pesquisa, as novas perguntas surgidas
pouco a pouco são mais numerosas que as
respostas que conseguimos obter.

De onde vêm as ideias? Como se formam, na cabeça de um físico teórico como eu? Quais tipos de procedimentos lógicos utilizamos? Não pretendo falar exclusivamente das grandes ideias, aquelas que modificam a história humana, a história do pensamento; quero falar da chamada "microcriatividade", ou seja, das pequenas ideias de todos os dias que no âmbito científico são cruciais para avançar. A meu ver, uma ideia é um pensamento inesperado, surpreendente, absolutamente não banal.

Gostaria de partir de Henri Poincaré e Jacques Hadamard. Os dois matemáticos, que viveram na virada dos séculos XIX e XX, repetidamente descreveram as maneiras que nasciam suas ideias matemáticas e têm um ponto de vista semelhante. Ambos afirmam que, na demonstração de um teorema de matemática, podem-se identificar várias fases.

- Há uma primeira fase de preparação, em que se estuda o problema, se lê a literatura científica, se fazem as primeiras tentativas infrutíferas de solução. Após um período que pode variar de uma semana a um mês, essa fase se esgota, uma vez que não se fazem progressos.
- Depois vem um período de incubação, em que o problema é abandonado (ao menos conscientemente).
- A incubação termina de súbito, com um momento de *iluminação*; esta ocorre frequentemente numa situação não correlacionada ao problema, por exemplo, conversando com um amigo, até mesmo sobre temas não ligados a tal problema.
- No fim, depois da iluminação que indica as linhas gerais com que se deve enfrentar o problema, é preciso fazer efetivamente a demonstração. Esse período pode ser muito longo: deve-se verificar se a iluminação era correta, se o caminho é realmente transitável, efetuar todas as passagens matemáticas necessárias para explicitar a prova.

Obviamente há casos em que a iluminação se mostra equivocada: assume a validade de passagens que não podem ser demonstradas. E então é preciso recomeçar do início.

A descrição é muito interessante e sugere um papel significativo do pensamento inconsciente. Einstein também concordava com esse papel: de fato, em várias ocasiões ressaltou a importância que o raciocínio inconsciente tinha para ele. Não há dúvida de que é muito comum o procedimento de deixar de lado um problema difícil, *sedimentar* as ideias, enfrentá-lo com a mente fresca e resolvê-lo. O provérbio "A noite é boa conselheira" existe em inúmeras línguas: *Consiliis nox apta*; *Night is the mother of counsel*; *Die Nacht bringt Rat*; *Il est utile de consulter l'oreiller*; *Antes *de hacer nada, consúltalo con la almohada* (o *oreiller* e a *almohada* são o travesseiro); *La note xe la ela mare d'i pensieri*.

Passando dos grandes problemas para os problemas mais banais, gostaria de lhes contar uma experiência pessoal. Com muita frequência, para minhas pesquisas em física teórica, preciso escrever códigos no computador, atividade que acho divertida e relaxante. O computador é uma máquina totalmente desprovida de bom senso e, portanto, faz exatamente o que lhe pedem para fazer e se atém ao significado literal com uma precisão exasperante. Se falamos com um ser humano e lhe dizemos para pegar uma estrada e depois seguir sempre em frente, felizmente ele não sai da estrada na primeira curva; ao contrário, esse comportamento seria natural para um computador, a não ser que se tenha sido extremamente preciso ao indicar o que se pretendia dizer com "seguir em frente".

Por mais que nos esforcemos, com muita frequência o que se pede para o computador fazer na primeira vez é sutilmente diferente do que de fato se queria pedir. Um código novo, escrito numa das muitas linguagens de programação, geralmente não funciona: se fazemos testes simples, dá resultados totalmente diferentes dos esperados (ao menos essa é a minha experiência: obviamente quanto melhor é o programador, mais ele acerta de primeira).

Inúmeras vezes tive de perder uma manhã inteira tentando entender qual tinha sido o meu erro: lia cuidadosamente o código, refletia sobre todas as instruções, uma depois da outra, me perguntava se as vírgulas estavam no lugar certo, se faltava um ponto e vírgula, se havia um igual a mais ou a menos, sem conseguir resolver nada. Depois, enquanto dirigia de volta para casa, na metade do trajeto pensava: "Ali está o erro!", e chegando em casa percebia que realmente o encontrara.

Esse é um caso muito comum. Outra vez — infelizmente uma única vez em minha vida — houve um episódio da mesma natureza, porém mais espetacular. Juntamente a outros colegas, eu me debruçara sobre um problema muito difícil; tínhamos tentado descobrir a estratégia para resolvê-lo, sem sucesso. Por um longo período (entre dez e quinze anos) propuseram-se várias abordagens: eu pessoalmente trabalhei no problema, mas o abandonei porque me parecia muito difícil. No entanto, no jantar, durante um congresso, um amigo me disse: "Sabe, o problema em que você trabalhou é muito interessante, porque sua solução teria uma série de aplicações além daquelas em que se pensava na época". Eu respondi: "Mas então temos de fazer um esforço para resolvê-lo. Talvez possamos tentar..." e lhe expus passo a passo a estratégia para resolver o problema, estratégia que depois se mostrou correta.

PENSAMENTOS E PALAVRAS

É fácil reconhecer nesses episódios exemplos do processo de incubação. Tenho certeza de que cada um de nós tem casos semelhantes para contar. Mas se a incubação, tanto para as pequenas coisas como para as grandes, é um processo não consciente, temos de nos perguntar que tipo de lógica segue e como pode ocorrer. Com muita frequência consideramos óbvio que o pensamento seja verbal e que o raciocínio inconsciente não é pensamento propriamente dito. Einstein não concordaria, pois afirmava que estar completamente consciente é um caso-limite, que nunca acontece: no pensamento há sempre uma parte inconsciente.

Embora não seja especialista na área, permitam-me apresentar algumas considerações sobre pensamento consciente e inconsciente. Temos a impressão de pensar usando palavras, formulando frases. Isso é verdade não apenas quando falamos com outras pessoas, mas também quando refletimos em silêncio. Se alguém nos pedisse para refletir sobre um problema sem usar palavras, nos sentiríamos totalmente impotentes: não conseguimos resolver o problema mentalmente sem formalizar os raciocínios em palavras; podem ser palavras de qualquer língua, mas devem ser palavras.

A forma verbal, porém, não pode esgotar a maneira como pensamos; de fato, quando começamos a pensar ou a dizer uma frase, temos de saber onde pretendemos chegar. Há regras gramaticais que temos de seguir. Não começamos uma frase com a palavra "não" e depois paramos sem saber o que dizer, porque no momento que nos vem à mente a palavra "não" já sabemos o verbo seguinte e provavelmente toda a frase. Mas, se é assim, toda a frase deve estar presente na nossa mente em forma não verbal antes de ser expressa em palavras.

Formalizar os pensamentos por meio das palavras é extremamente importante; elas são fortes, se concatenam umas às outras e se atraem reciprocamente. No fundo, têm a mesma função do algoritmo na matemática. Do mesmo modo que o algoritmo conduz quase sozinho o raciocínio matemático, as palavras têm vida própria, evocando outras palavras, e nos permitem fazer abstrações, deduções, utilizar a lógica formal. Talvez a formulação consciente em palavras do pensamento consciente também seja útil para lembrar o que pensamos: se não formalizássemos os nossos pensamentos através das palavras, poderia ser mais difícil lembrar. No entanto, o pensamento verbal deve ser precedido por um pensamento não verbal. Essa afirmação não é tão estranha se consideramos que o pensamento é historicamente muito mais antigo que a linguagem: a linguagem humana deve ter algumas dezenas de milhares de anos, mas é difícil acreditar que os homens, antes da linguagem, não pensassem (e também que os animais e as crianças pequenas, que ainda não falam, não tenham alguma forma de pensamento).

Infelizmente, é muito difícil entender que tipo de lógica segue o pensamento não verbal, até porque a lógica faz referência à linguagem e é quase impossível estudar um pensamento não verbal utilizando os instrumentos da linguagem. Contudo, o pensamento inconsciente é crucial para formular novas ideias: não apenas é utilizado durante o longo período de incubação de que Poincaré e Hadamard falavam, mas também é a base do fenômeno mais geral da intuição matemática. De fato, a intuição matemática à primeira vista apresenta algumas características surpreendentes.

Geralmente a demonstração de um teorema é composta por muitas fases sucessivas e no final se chega à solução, dedução após dedução. Exceto em casos raros, porém, esse não é o método com o qual o teorema foi demonstrado pela primeira vez. Normalmente, primeiro é formulado o enunciado: a esta altura, sabendo de onde se começa e onde se deve chegar, se estabelecem as fases intermediárias, que depois são ligadas uma à outra com as necessárias demonstrações, até chegar à demonstração completa. É como construir uma ponte: primeiro se decide de que ponto a que ponto é preciso andar, depois se lançam os alicerces dos pilares intermediários e no final se faz a pista. Não é sensato construir uma ponte partindo do primeiro trecho e só depois de terminar sua construção passar a projetar o segundo, correndo o risco de descobrir só naquele momento que não é possível lançar os alicerces do segundo pilar.

De certa forma, assim como uma frase deve estar presente no seu todo antes de ser formalizada em palavras, uma demonstração deve estar presente na mente do matemático, ao menos em suas linhas gerais, antes de se passar à fase dedutiva.

Essa maneira de proceder explica por que há tantos teoremas válidos cuja primeira demonstração apresentada estava incorreta. Muitas vezes o matemático, depois de ter formulado corretamente o teorema e ter identificado um caminho possível, erra a demonstração de uma fase intermediária. Se a intuição era quase correta, ou existe outra maneira correta de passar pela fase difícil ou então há outro caminho mais ou menos diferente para chegar ao mesmo resultado. Frequentemente os matemáticos falam do "significado" de um teorema, significado que é enunciado numa linguagem informal, que quase sempre se baseia em analogias, semelhanças, metáforas, intuições. Mas, em geral, não há vestígio desse significado nos textos matemáticos que utilizam uma linguagem diferente: de algum modo o significado justifica a intuição originária, porém, não sendo formalizável, é sentido como algo impreciso, de que se pode falar entre amigos, mas não inserido num texto que deve ser rigoroso.

A INTUIÇÃO

Mas há também a intuição física, que é diferente da matemática e evoluiu com o tempo. Galileu, como observa o historiador da ciência Paolo Rossi, teve a grande intuição de que o mundo celeste e o mundo terrestre eram semelhantes e que era possível utilizar as mesmas leis para ambos. Essa afirmação era o ponto de partida de muitas descobertas de Galileu, mas não era nem um pouco fácil de demonstrar, porque muitas vezes o raciocínio mordia a própria cauda, como ressaltado pelo irreverente filósofo da ciência Paul Feyerabend: as manchas solares demonstravam que o mundo celeste era corruptível apenas se não fossem um artefato do telescópio. Como não era possível verificar se o telescópio não criava falsas imagens para o mundo celeste, as observações de Galileu implicavam ou que as manchas solares existiam e, portanto, que o mundo celeste era corruptível como o terrestre, ou então que o telescópio produzia falsas imagens e interagia de maneira diferente com a luz proveniente de objetos terrestres ou de objetos celestes. É evidente que a segunda hipótese era muito difícil de sustentar, uma vez que as manchas solares giravam com velocidade constante (por efeito da rotação do Sol). No entanto, a hipótese de leis únicas para todo o universo era chocante na época e muitos, não aceitando a intuição de Galileu enquanto não foi demonstrada, rejeitaram as consequências sucessivas.

A intuição física teve um papel fundamental também depois e foi particularmente importante durante o nascimento da mecânica quântica, no início do século XX. Essa foi uma das maiores aventuras da física e entre 1900 e 1930 envolveu eminentes cientistas como Planck, Einstein, Bohr, Heisenberg, Dirac, Pauli, Fermi... Foi um processo aparentemente muito estranho e, sob alguns aspectos, contraditório. Tinham sido observados alguns fenômenos (por exemplo, a radiação de corpo negro) que os físicos da época não conseguiam explicar: não se tratava de incapacidade deles, já que esses fenômenos só podiam ser explicados graças à mecânica quântica, que ainda não tinha sido descoberta.

Qual teria sido o procedimento lógico? Inventar a mecânica quântica e apresentar a explicação correta! Mas a história seguiu um caminho completamente diferente: fizeram-se várias tentativas de explicar os fenômenos quânticos em modelos clássicos explícitos, supondo que alguns dos componentes menos conhecidos do modelo se comportam de maneira bizarra (de fato incompatível com a mecânica clássica), segundo o típico "há coisas que ainda não entendi, mas vou entender no próximo trabalho". A partir do artigo de Planck de 1900, houve um grande número de contribuições contraditórias, algumas das quais francamente equivocadas; por outro lado, não podiam estar corretas porque aqueles trabalhos tentavam fazer algo impossível, ou seja, justificar fenômenos quânticos no interior da mecânica clássica. Por exemplo, para explicar a radiação de corpo negro, Planck assumia que a luz interagia com osciladores que tinham as propriedades quânticas corretas, absolutamente incompatíveis com os princípios gerais da física clássica. No entanto, Planck não percebeu que a suposta compatibilidade com a física clássica não existia e continuou seu caminho.

É impressionante notar como as explicações parciais apresentadas estavam corretas: a intuição física era tão forte que, pensando em permanecer na esfera da mecânica clássica, explicavam-se os fenômenos quânticos, deslocando cada vez mais para a frente a contradição entre a mecânica clássica e os fenômenos observados. No final, quando as contradições já eram excessivas, muitos aspectos da nova mecânica quântica já tinham sido previstos. Para dar um exemplo, na teoria de Bohr de 1913, supondo que o único elétron que gira em torno do átomo de hidrogênio podia estar apenas em determinadas órbitas que atendiam a certa condição, era possível calcular de maneira simples as linhas espectrais da luz emitida pelo hidrogênio; a hipótese não era sustentável pela mecânica clássica, mas foi fundamental para fornecer os indícios necessários para construir a mecânica quântica quando, uma dezena de anos depois, emergiu a consciência da urgência de uma nova mecânica.

As últimas barreiras caíram em 1924-1925; os anos subsequentes viram progressos a um ritmo impressionante e no final de 1927 a nova mecânica quântica praticamente tinha chegado à sua formulação definitiva. O trabalho preparatório (que durou 26 anos, de 1900 a 1925) tinha sido possível precisamente porque houve uma forte intuição sobre como o sistema físico era organizado. Era uma intuição muito diferente da dos matemáticos, que levou a trabalhos que fizeram a física progredir não obstante as argumentações muitas vezes equivocadas.

Ainda a respeito da intuição, um amigo meu, físico experimental de baixas temperaturas, me dizia: "No fim você deve chegar a conhecer tão bem o seu aparato experimental, o sistema que está avaliando, os fenômenos que está observando, a ponto de conseguir dar a resposta correta sem precisar pensar. Se lhe fazem (ou você se faz) uma pergunta, deve dar rapidamente a resposta exata, e depois, refletindo, deve ser capaz de dizer por que a resposta está correta". Giovanni Gallavotti, no prefácio de seu belo livro de mecânica, diz que um bom estudante deve refletir sobre a demonstração de um teorema, até o teorema lhe parecer óbvio e a demonstração, consequentemente, inútil.

A intuição depende muito da área; por exemplo, em outros casos há uma intuição que se baseia no formalismo matemático. O formalismo é um instrumento extremamente forte, mas se torna ainda mais forte se o próprio inconsciente começa a se acostumar com os procedimentos algorítmicos. Como vimos, em minhas primeiras pesquisas sobre os vidros de spin, eu usava o método das réplicas, um formalismo pseudomatemático (no sentido de que a validade matemática do que eu estava fazendo só seria demonstrada muitos anos mais tarde) que me permitia chegar ao resultado final sem entender o que estava fazendo, e depois precisei de anos para compreender o significado físico dos meus resultados. Inconscientemente, construí uma série de regras que eu utilizava para entender a direção que devia tomar nos cálculos, regras que eu jamais saberia formalizar.

Avançar de maneira inconsciente não é apenas um procedimento típico dos problemas científicos. Uma grande escritora do século XX, Luce D'Eramo, dizia que quando escrevia um romance geralmente agia deste modo: relia tudo o que tinha escrito até aquele momento e decidia como começaria a cena seguinte. Àquela altura considerava os personagens mentalmente, os colocava em ação na cena e os observava: "Não sou eu quem decide o que eles devem fazer, mas os imagino e os observo enquanto falam, enquanto agem: eu transcrevo aquilo que fazem". São evidentes as semelhanças com o procedimento descrito por Poincaré e Hadamard.

CONHECER A CONCLUSÃO

Gostaria de apresentar agora um último tema que sugere como nossa forma de raciocinar é mais complexa do que pensamos. Sempre me impressionei com a dificuldade de chegar a demonstrar a verdade ou a falsidade de uma afirmação quando não temos indícios do resultado final. Se há argumentos heurísticos fortes que implicam que uma afirmação é verdadeira (ou falsa), frequentemente (mas nem sempre) é muito mais *fácil* encontrar a demonstração. No caso contrário, em que faltam indicações sobre o resultado, poderíamos esperar que seja possível chegar ao resultado final no máximo utilizando um tempo dividido: durante metade do tempo raciocinamos como se soubéssemos que o resultado é verdadeiro e na outra metade como se soubéssemos que o resultado é falso. É fácil falar, mas não fazer; na prática, a pessoa procura encontrar argumentos para demonstrar a verdade da afirmação e, se não consegue, procura demonstrar sua falsidade, e oscila entre as duas atitudes sem avançar muito. Talvez possamos conscientemente passar de uma hipótese à hipótese oposta, mas o inconsciente fica confuso.

O papel relevante de uma pequena informação suplementar pode ser ressaltado por um episódio que presenciei e que me deixou atordoado. Uma propriedade muito interessante (vou chamá-la X para simplificar) tinha sido verificada no âmbito de modelos extremamente simplificados, e era crucial para o desenvolvimento da teoria entender se essa propriedade poderia ser demonstrada no caso de sistemas realistas. Eu e meus amigos falávamos dela havia anos: ninguém tinha ideia de como se podia demonstrá-la e até duvidávamos que a propriedade fosse demonstrável, admitindo que fosse verdadeira.

Um dia, meu amigo Silvio Franz me contou que, juntamente com Luca Peliti, tinha demonstrado a propriedade X, aproveitando uma ideia muito simples, mas extremamente astuta. Eu fiquei contente com isso; fui a Paris e durante uma conferência declarei que tinha grande confiança de que a propriedade X era demonstrável. Não anunciei o resultado porque queria esperar a demonstração por escrito de meu amigo. Depois da conferência, outro amigo, Marc Mézard, enquanto estávamos na escadaria da École Normale, me disse: "Desculpe, Giorgio, mas por que disse que tem confiança na possibilidade de demonstração de X? Você sabe muito bem que não temos como demonstrá-la". Eu lhe respondi: "Marc, a propriedade X acabou de ser demonstrada por Silvio Franz e Luca Peliti: eles me mostraram a demonstração e está correta". Para minha grande surpresa, Mézard disse instantaneamente: "Ah, sim, vejo a demonstração" e em linhas gerais, ali mesmo, me expôs a demonstração correta. A simples informação de que a propriedade X era demonstrável partindo da bagagem de conhecimentos comuns lhe bastara para chegar à demonstração longamente procurada, em menos de dez segundos.

É impressionante como às vezes basta uma mínima informação para fazer progressos substanciais, num campo sobre o qual refletimos muito. Einstein, por exemplo, conta que em 1907 refletia muito sobre a gravidade, e um dia teve "o pensamento mais feliz da sua vida": quando caímos em queda livre não sentimos mais a força de gravidade, a gravidade se anula ao nosso redor; a força de gravidade depende do sistema de referência e, escolhendo um sistema de referência oportuno, é possível anulá-la, ao menos localmente. Partindo dessa observação, construiu a teoria da relatividade geral, que talvez seja a sua contribuição mais profunda e mais à frente de seu tempo.

Conta-se que Einstein teve a intuição após um curioso episódio (não tenho certeza de que é verdade, mas se não é verdade, é bem provável). Um pintor estava trabalhando no prédio de Einstein e chegou ao terceiro andar, sentado numa cadeira sobre um andaime; um dia, o pintor se mexeu demais, perdeu o equilíbrio e caiu, ele e a cadeira. Felizmente sofreu apenas algumas fraturas. Alguns dias depois, falando com um vizinho, Einstein se perguntou: "Quem sabe o que pensava o pobre pintor enquanto caía?", e o vizinho lhe respondeu: "Falei com ele e me disse que enquanto caía não se sentia apoiado na cadeira, quase como se não houvesse mais força de gravidade". Então, Einstein captou a observação do pintor e partiu dali para formular a relatividade geral. E é notável como a origem das teorias da gravitação está sempre ligada com alguma coisa que cai, para Newton uma maçã e para Einstein um pintor.

O sentido da ciência

A ênfase nas consequências imediatas da pesquisa é uma loucura. É famosa a resposta de Faraday ao ministro britânico que lhe perguntou para que serviam seus experimentos sobre o eletromagnetismo: "Por enquanto não sei", disse, "mas é bem provável que no futuro vocês vão criar um imposto para ele".

"A ciência é como o sexo, também tem algumas consequências práticas, mas não é por esse motivo que a fazemos", dizia Richard Feynman, um dos maiores físicos do século XX e talvez o mais simpático.

Essa frase, com o imperativo de Dante "Não fostes feitos para viver como brutos, mas para buscar virtude e conhecimento", reflete muito bem as paixões subjetivas dos cientistas. A ciência é um enorme quebra-cabeça e cada peça colocada no lugar abre a possibilidade de colocar outras. Nesse gigantesco mosaico, cada cientista acrescenta algumas peças, com a consciência de ter dado a sua contribuição e sabendo que, quando o seu nome for esquecido, os que virão depois também subirão em seus ombros para ver mais longe.

Podemos imaginar uma vívida metáfora da atividade científica. Alguns navegantes desembarcam de noite numa ilha desconhecida e acendem uma fogueira na praia; eles começam a ver o que os cerca. Quanto mais lenha colocam no fogo, mais se amplia a área de boa visibilidade; mas além dela permanece sempre uma região misteriosa, que mal é percebida na escuridão quase completa, quebrada pela fraca luz do fogo distante, e que se torna cada vez maior à medida que a fogueira aumenta. Quanto mais exploramos o universo, mais descobrimos novas regiões a serem exploradas: cada descoberta nos permite formular inúmeras novas perguntas que anteriormente não éramos capazes de conceber.

Mas, além dessas considerações, para os cientistas é fundamental que o processo de resolução do quebra-cabeça seja divertido. Quando se discutia sobre o que fazer, meu professor Nicola Cabibbo me dizia: "Por que deveríamos estudar este problema se não nos divertimos?". Muitas vezes entre os cientistas há quase um espanto por serem pagos precisamente para fazer o que se ama. Meu querido amigo, Aurelio Grillo, costumava comentar: "Ser físico é uma dureza, mas é sempre melhor que trabalhar".

No entanto, exceto nos raros casos de cientistas vindos de família abastada cujas pesquisas eram conduzidas nos longos períodos de lazer (pensemos, por exemplo, em Plínio, o Velho, ou em Fermat), o cientista sempre teve de garantir o próprio sustento, e as aplicações da ciência foram fundamentais para esse objetivo. Basta pensar numa das primeiras ciências em ordem cronológica: a astronomia. É difícil imaginar concretamente, agora que vivemos em cidades bem iluminadas, qual podia ser, nas civilizações primitivas, o enorme prestígio e poder dos que investigavam o fluxo das estações, o movimento dos astros e que sabiam prever os eclipses lunares (para não falar daquele fenômeno apavorante que são os eclipses solares).

Ainda que as motivações dos mecenas pudessem ser apenas culturais ou de prestígio social, certamente não escapava aos cientistas a importância das aplicações práticas: por exemplo, Galileu propôs o uso da ocultação dos satélites de Júpiter como método para determinar a hora absoluta sem necessitar de relógios de precisão e, portanto, estabelecer a longitude. Na realidade, a proposta de Galileu era complicada demais para ser posta em prática e o problema foi definitivamente resolvido no século seguinte com o cronômetro de precisão, que coroou mais de cem anos de pesquisas.

Também com o objetivo de coordenar a pesquisa científica, nos séculos XVII e XVIII foram fundadas muitas das academias que ainda dominam a cena: a Accademia dei Lincei em 1603, a Royal Society em 1660, a Académie des Sciences em 1666, a American Philosophical Society em 1743. Esta última é particularmente interessante: foi criada por Benjamin Franklin com o objetivo declarado de promover o *conhecimento útil*.

Com o passar dos anos, a ciência se torna cada vez mais útil para a sociedade (o desenvolvimento econômico baseia-se no progresso científico), mas também cada vez mais dispendiosa, exigindo instalações e uma organização cada vez mais complexas. A Segunda Guerra Mundial marca os primeiros balbucios da ciência com bases de massa ("a grande ciência"): Vannevar Bush coordena os esforços bélicos de 6 mil cientistas norte-americanos e ao mesmo tempo 50 mil pessoas trabalham na construção das primeiras bombas atômicas. Hoje o setor pesquisa e desenvolvimento absorve pouco mais de 1% do Produto Interno Bruto na Itália, porém chega a mais de 4% na Coreia do Sul (a Coreia do Sul não apenas nos eliminou da Copa do Mundo de 2002, mas gasta três vezes mais que a Itália em pesquisa e desenvolvimento).

A ciência, com suas instituições, precisa ser financiada pela sociedade, que não quer nem saber se os cientistas se divertem ou não. Esse ponto de vista foi expresso muito claramente pela delegação soviética no Congresso de História da Ciência e da Tecnologia realizado em Londres em 1931. Nikolai Bukharin (uma personalidade política de primeiro nível, muito popular na URSS, que em seguida foi uma das vítimas mais ilustres das Purgas stalinistas) escrevia que

> a ideia de que a ciência é um fim em si mesma é ingênua: ela confunde as *paixões subjetivas* do cientista profissional, que trabalha num sistema de divisão de trabalho bem acentuado [...], com o *papel social* objetivo desse tipo de atividade, enquanto atividade de grande importância *prática*.

Não é possível pensar o desenvolvimento tecnológico sem um paralelo avanço da ciência pura. Como foi bem evidenciado num livro de 1977, *L'ape e l'architetto* [A abelha e o arquiteto], a ciência pura não apenas fornece à ciência aplicada os conhecimentos necessários para seu desenvolvimento (linguagens, metáforas, quadros conceituais), mas tem também um papel mais oculto e não menos importante. De fato, as atividades científicas de base funcionam como um gigantesco campo de provas de produtos tecnológicos e de estímulo ao consumo de bens de alta tecnologia avançada.

Essa profunda integração entre ciência e técnica poderia sugerir que a ciência tem um futuro brilhante numa sociedade que se torna cada vez mais dependente da tecnologia avançada (os onipresentes celulares de hoje chegam a uma capacidade de cálculo de centenas de bilhões de operações aritméticas por segundo, mais ou menos como os mastodônticos supercomputadores de 25 anos atrás).

Na realidade, hoje parece ocorrer precisamente o oposto: há fortes tendências anticientíficas na sociedade atual, o prestígio da ciência e a confiança nela estão diminuindo rapidamente, as práticas astrológicas, homeopáticas e anticientíficas (ver, por exemplo, os NoVax ou o negacionismo da *Xylella* como origem da doença das oliveiras da Puglia, para não falar do negacionismo da covid) se difundem juntamente com um voraz consumismo tecnológico.

Não é fácil compreender completamente a origem desse fenômeno; é possível que a desconfiança maciça na ciência se deva também a certa arrogância dos cientistas que a apresentam como sabedoria absoluta, em relação a outros saberes controversos, mesmo quando na realidade não o é de modo algum. Às vezes, a arrogância consiste em não tentar mostrar ao público as provas de que se dispõe, pedindo em vez disso uma aceitação incondicional baseada na confiança nos especialistas. É a recusa em aceitar os próprios limites que pode diminuir o prestígio dos cientistas, os quais frequentemente ostentam uma excessiva segurança que não é autêntica, diante de uma opinião pública que de algum modo percebe sua parcialidade de pontos de vista e suas limitações. Às vezes, maus divulgadores apresentam os resultados da ciência quase como uma feitiçaria superior cujas motivações são compreensíveis apenas para os iniciados. Desse modo, quem não é cientista pode ser levado a posições irracionais diante de uma ciência percebida como magia inacessível e, portanto, a preferir outras esperanças irracionais (tema retomado com muitos detalhes por Marco D'Eramo em seu *Lo sciamano in elicottero* [O xamã de helicóptero], de 1999): se a ciência se torna uma pseudomagia, por que não escolher a magia verdadeira?

Confiar cegamente que a necessidade que o desenvolvimento tecnológico tem do desenvolvimento científico é incontestável pode ser um erro trágico. Os romanos conservaram a tecnologia grega sem se preocupar muito com a ciência, e os fanáticos cristãos, liderados pelo santo bispo e padre da Igreja Cirilo de Alexandria, tranquilamente esquartejaram a matemática-astrônoma Hipácia, sem se preocupar com as consequências a longo prazo, ou melhor, até alegrando-se com o desaparecimento de um saber profano, considerado inútil, se não danoso.

Mas mesmo que em nível planetário a ciência continue a se desenvolver e a arrastar consigo a tecnologia, não há nenhuma garantia de que isso vá acontecer num país como a Itália. A desindustrialização sistemática é o fio condutor da história italiana desde a morte misteriosa de Enrico Mattei (1962), juntamente ao cada vez mais acentuado desinteresse da grande indústria pela pesquisa após o fim de experiências-piloto como a da Olivetti. É bem possível que nossos governantes decidam que a indústria e a pesquisa italianas devem ter um lugar cada vez mais secundário e que o país deve pouco a pouco resvalar para o Terceiro Mundo.

Se consideramos também a lenta decadência da escola pública, o desinvestimento do compromisso financeiro do governo italiano nos bens culturais (basta dizer que a restauração do Coliseu foi feita com fundos privados e que o Fundo Único para o Espetáculo diminui a cada ano, até chegar à metade dos valores alocados há vinte anos), percebemos que *todas* as atividades culturais italianas estão em lento, mas constante declínio.

É preciso defender a cultura italiana em todas as frentes, não podemos perder a nossa capacidade de transmiti-la às novas gerações. Se os italianos perderem sua cultura, o que restará do país? É preciso constituir uma frente comum de todos os operadores culturais italianos (dos professores nas creches às academias, dos programadores aos poetas) para enfrentar e resolver a atual emergência cultural.

A ciência deve ser defendida não apenas por seus aspectos práticos, mas também por seu valor cultural. Deveríamos ter a coragem de tomar o exemplo de Robert Wilson, que em 1969, diante de um senador norte-americano que insistentemente perguntava quais eram as aplicações da construção do acelerador no Fermilab, em especial se era militarmente útil para a defesa do país, respondeu:

> Seu valor está no amor pela cultura: é como a pintura, a escultura, a poesia, como todas aquelas atividades de que os americanos são patrioticamente orgulhosos; não serve para defender o nosso país, mas certamente faz com que valha a pena defendê-lo.

Para que a ciência se afirme como cultura, é preciso conscientizar a população sobre o que é a ciência, sobre como a ciência e a cultura se entrelaçam uma à outra, tanto em seu desenvolvimento histórico como na prática dos dias atuais. É preciso explicar de maneira não mágica o que fazem os cientistas vivos, quais são os desafios atuais. Não é fácil, especialmente para as ciências duras em que a matemática tem um papel essencial; contudo, com algum esforço é possível obter ótimos resultados.

Frequentemente se diz que as ciências duras são incompreensíveis para quem não estudou matemática. Mas o mesmo problema existe também com a poesia chinesa, que é uma mescla inseparável de literatura e pintura: o manuscrito original da poesia é um quadro em que cada ideograma é um elemento pictórico representado de maneira diferente a cada vez. A dimensão pictórica se perde totalmente na tradução e sua beleza não pode ser apreciada por quem não conhece bem o chinês. Mas, assim como é possível gerar apreciação em italiano da beleza das poesias chinesas, também é possível fazer quem não conhece matemática nem realizou estudos científicos compreender a beleza das ciências duras.

Não é fácil, mas é possível. É preciso promover iniciativas que permitam que inúmeras pessoas se aproximem da ciência moderna. Se isso não for feito, também os cientistas não poderão fugir de suas responsabilidades.

Je ne regrette rien

*Num jantar no Cern, Tini Veltman me aconselhou:
"Não faça coisas demais, concentre-se
em poucas, mas importantes".*

Nunca entendi se deixar um prêmio Nobel escapar das mãos aos 25 anos é algo para se contar com orgulho ou um daqueles segredos um pouco vergonhosos que seria melhor esquecer. Inclino-me a preferir a segunda hipótese; mas, como a história é divertida, vou contá-la. Contudo, é preciso fazer um esforço para entender o contexto, do contrário parecerá sem graça.

Estamos no final dos anos 1960. O quadro experimental era claro: o próton, o nêutron e as outras partículas então conhecidas interagem fortemente entre si. Em outros termos, se as fazemos colidir, sua trajetória muda e, em altíssimas energias, a colisão produz muitas outras partículas. É notável o fato de que são muito raras as colisões em que dois prótons se chocam elasticamente um contra o outro, como duas bolas de bilhar, quando a energia do choque é muito grande.

A escassez dessas colisões era explicada numa teoria em que o próton e o nêutron são partículas compostas: durante o choque se despedaçam literalmente e, portanto, não conseguem se chocar permanecendo inteiras. No entanto, faltava compreender como se comportavam os constituintes fundamentais, as partículas de que eram formados os prótons e os nêutrons. Havia duas possibilidades:

- Os choques que essas partículas sofriam eram frequentes, mesmo em grandes energias. Portanto, elas interagiam fortemente entre si em todas as energias. Nesse caso, o comportamento da matéria continuava difícil de compreender e não havia simplificações em altas energias.
- Os choques que essas partículas sofriam eram *pouco* frequentes, ou seja, as partículas interagiam fracamente entre si em grandes energias e se tornavam quase transparentes uma em relação à outra. O comportamento em altas energias dos constituintes de prótons e nêutrons era fácil de calcular: na prática, suas trajetórias não se modificavam, como se não tivesse havido a interação. Uma teoria desse tipo é o que hoje chamamos de *assintoticamente livre* (no jargão dos físicos, uma teoria é *livre* quando as partículas não se desviam de suas trajetórias, e *assintoticamente* quer dizer "em grandes energias").

Uma teoria assintoticamente livre tinha a vantagem de que em grandes energias algumas quantidades eram calculáveis de maneira bem simples: havia, portanto, um enorme número de fenômenos potencialmente previsíveis, para a alegria dos físicos teóricos. No entanto, como com toda probabilidade o universo não foi projetado para facilitar a vida dos físicos teóricos, esse argumento não implicava que o universo podia necessariamente ser descrito por uma teoria assintoticamente livre.

Eu tinha começado a trabalhar seguindo a primeira hipótese: gostava mais dela porque era a situação mais difícil de compreender e a obtenção de resultados era mais desafiadora. Era também — como na fábula de Esopo — pegar a uva mais distante: "Está muito verde". De fato, ninguém conseguira pensar numa teoria em que os possíveis constituintes interagissem cada vez menos com o aumento da energia: acredito que os poucos que tinham refletido sobre o problema consideravam tal teoria improvável de existir. Em 1955, o genial físico russo Lev Landau observou que em todas as teorias conhecidas a força da interação aumentava com o aumento da energia, exceto talvez no caso de interações semelhantes às eletromagnéticas, mas em que o próprio campo era carregado (as chamadas teorias de Yang-Mills), para as quais os cálculos eram difíceis e, portanto, ainda não se podia saber se era verdade ou não. Do ponto de vista técnico, Landau descobriu a existência de uma função (comumente denominada *beta*) que verificava o comportamento em grandes energias: se a função beta era positiva, a interação sempre permanecia forte; se a função beta era negativa, a teoria era assintoticamente livre.

Em 1968 Richard Feynman propôs que as partículas conhecidas eram compostas por constituintes puntiformes cujas interações eram negligenciáveis em altas energias, que ele denominou pártons, por serem partes da matéria; apesar do sucesso dessa proposta, diminuíam os esforços para a construção de uma teoria assintoticamente livre.

Só em 1972 Sidney Coleman publicou um trabalho no qual mostrava que as conclusões de Landau eram perfeitamente justificadas mesmo considerando modelos mais complicados que os estudados pelo físico russo. Faltava estudar as teorias de

Yang-Mills para compreender o sinal da função beta: um sinal negativo teria sido uma surpresa inesperada por suas profundas consequências físicas. Por ironia do destino, só muitos anos mais tarde descobrimos que o cálculo já tinha sido feito em 1966 por um físico russo e que estava publicado numa revista russa traduzida em inglês que tínhamos na biblioteca. O pobre físico, que em seguida mudou de profissão, estava à frente de seu tempo. Apesar da grande elegância e clareza do cálculo, ninguém prestou atenção no resultado: eu o descobri por acaso enquanto buscava outro trabalho na mesma revista.

Na época, era evidente para mim a importância de calcular o sinal da função beta nas teorias de Yang-Mills. No entanto, estava ocupado com um problema diferente (as transições de fase) e não dediquei muito tempo a isso. Lembro que depois de ler o trabalho de Coleman na primavera de 1972 comecei a refletir sobre o sinal da função beta nessas teorias. Um dia, enquanto estava na banheira da casa de meus pais, concentrei-me no problema observando as paredes revestidas por um mármore de cor laranja. Logo estabeleci que a função beta devia ser composta pela soma de três partes distintas: duas tinham sinal oposto e se anulavam entre si, a terceira era inevitavelmente positiva e, portanto, o total devia ser positivo. No entanto, se tivesse perdido um pouco mais de tempo e fizesse as contas utilizando as regras de cálculo para as teorias de Yang-Mills, que conhecia teoricamente, apesar de nunca as ter usado, teria percebido logo que deveria ter acrescentado uma quarta parte, negativa, que dominava o resultado que, no final, teria sido negativo. Mas eu gostava do resultado positivo, não verifiquei o cálculo e fiquei com a convicção errada. Mas não era esse o episódio que eu queria contar: trata-se de um típico erro devido à pressa, não particularmente significativo, no entanto útil para ilustrar o contexto.

Em seguida a situação começou a mudar rapidamente. Na conferência de Marselha do verão de 1972, o físico de Utrecht Gerard 't Hooft (de 26 anos) anunciou que tinha calculado o sinal da função beta nas teorias de Yang-Mills... e o resultado era negativo! O grande anúncio caiu na indiferença total; as pouquíssimas pessoas presentes não prestaram muita atenção: um amigo meu, especialista na área, perguntado a esse respeito um ano depois, se lembrava que 't Hooft efetivamente dissera alguma coisa, mas não sabia dizer o quê.

A única pessoa que compreendeu completamente a importância do resultado de 't Hooft foi Kurt Symanzik, um genial físico alemão com cerca de cinquenta anos, que incentivou 't Hooft a escrever um artigo sobre o assunto. Juntamente a seu orientador Tini Veltman, 't Hooft acabara de resolver um problema fundamental para a teoria das interações fracas (pela qual ganharam juntos o prêmio Nobel de 1999), e começou a fazer alguns cálculos extremamente difíceis sobre a gravidade quântica: o cálculo da função beta era para ele pouco mais que um exercício e não tinha tempo para registrá-lo por escrito.

Eu era muito amigo de Symanzik. Em novembro do mesmo ano fui visitá-lo por duas semanas em Hamburgo: levou-me ao restaurante no alto da torre da televisão, onde era possível comer bolos à vontade (havia seis tipos de bolo e comi uma fatia de cada), fomos ver uma belíssima montagem da *Flauta mágica*, convidou-me para jantar em sua casa para comer torta de sardinha em conserva acompanhada de leite longa-vida com leite evaporado, discutimos física por dezenas de horas, dissecando todos os possíveis temas de interesse comum, mas surpreendentemente ele não me falou do resultado de 't Hooft. Como Veltman me explicou um ano depois, Symanzik lhe dissera: "*Parisi is so wild*", tão impetuoso, melhor não lhe dizer nada. Symanzik temia que eu escrevesse um artigo sobre o tema utilizando o resultado de 't Hooft, obviamente reconhecendo sua contribuição. Teria sido um comportamento totalmente correto de minha parte, mas Symanzik preferia que o resultado fosse comunicado ao mundo diretamente por 't Hooft e não por uma terceira pessoa.

Só em fevereiro de 1973 Symanzik me informou sobre o resultado de 't Hooft. Naquele momento eu fizera um importante progresso sobre as transições de fase e aquele resultado não chamou minha atenção. Mas eu acabara de me transferir para o Cern de Genebra por dois meses e, como 't Hooft trabalhava no mesmo centro de pesquisa, decidimos nos encontrar uma manhã para entender como utilizar o seu resultado para construir uma teoria do próton e das outras partículas que fosse assintoticamente livre.

De fato, era preciso identificar os possíveis constituintes na base da teoria e verificar se naquele caso específico o cálculo de 't Hooft dava uma função beta negativa. Aparentemente era fácil, em 1964 tinham sido postulados os quarks e em 1971 Gell-Mann, Bardeen e Fritzsch propuseram a teoria segundo a qual cada quark existia em três cores diferentes que interagiam trocando glúons coloridos: essencialmente, a teoria de Yang-Mills estudada por 't Hooft no que dizia respeito aos glúons com o acréscimo dos quarks. Eu conhecia perfeitamente a teoria de Gell-Mann: ele viera a Roma e a expusera numa conferência pública, em que mostrara que aquela teoria explicava os dados obtidos no acelerador Adone situado em Frascati, o laboratório em que eu trabalhava. O argumento de Gell-Mann baseava-se na hipótese de que os quarks não interagiam em altas energias e, portanto, que a teoria era assintoticamente livre. Eu apostara na hipótese contrária, que os quarks continuavam a interagir também em altas energias, e muito presunçosamente classifiquei o resultado de Gell-Mann como ingênuo, uma vez que não levava em conta todas as complicações de uma teoria em que os quarks interagiam. Releguei-o ao esquecimento.

Retrospectivamente, a conversa com 't Hooft foi surreal.

— Oi, Gerard, que excelente resultado você obteve. Que tal ver se podemos usá-lo na construção de uma teoria para descrever o próton e as outras partículas?

— Ótima ideia, Giorgio! Mas como vamos fazer isso? Os campos de Yang-Mills devem ter algum tipo de carga! Qual carga vamos escolher?

— Poderíamos tomar a carga elétrica e outras cargas do mesmo tipo.

— Ah, não, Giorgio! Isso levaria a dificuldades intransponíveis com os dados experimentais!

— Podemos procurar uma saída para que minha proposta funcione.

— Não, não é possível.

Ele me explicou detalhadamente o argumento e não consegui encontrar nenhuma falha.

— Você tem razão, Gerard! Sua teoria não pode ser aplicada para descrever o próton e as outras partículas. Que pena. Nos vemos nos próximos dias.

Nem sequer pensamos em considerar a carga de cor, como propusera Gell-Mann. Bastava que naquele momento eu tivesse visto o nome de Gell-Mann escrito em algum lugar (na lousa, por exemplo), ou que nos dias seguintes alguém, mesmo à mesa, tivesse mencionado o modelo de Gell-Mann, e eu iria correndo procurar 't Hooft, gritando "Eureka!": em dois dias teríamos feito as verificações necessárias e enviado o trabalho à revista. Foi uma cegueira inacreditável, pela qual eu me responsabilizo totalmente. Gerard era um físico teórico excelente, capaz de analisar aspectos extremamente refinados da teoria; eu, ao contrário, conhecia muito bem os trabalhos experimentais, os vários modelos propostos na literatura: cabia a mim identificar o modelo correto. Naquela tarde de 1973, perdemos uma oportunidade digna de um prêmio Nobel. Para sorte de ambos, não seria a única.

Poucos meses depois, Hugh David Politzer, de um lado, David Gross e Frank Wilczek, de outro, refizeram simultaneamente os cálculos de 't Hooft e identificaram corretamente as cargas dos campos de Yang-Mills. Foi o nascimento da cromodinâmica quântica e o artigo valeu aos três autores o prêmio Nobel de 2004. Eu fiquei com uma boa história para contar.

Muitos anos mais tarde encontrei num congresso um amigo que tinha acompanhado o caso de perto. Enquanto estávamos no corredor, começamos a falar de Ken Wilson, que ganhou o prêmio Nobel de física em 1982 por sua teoria das transições de fase. Em especial relembramos o argumento de Wilson de que uma teoria não assintoticamente livre seria mais elegante, mas, como o universo não foi criado por um alfaiate, a elegância da teoria não é um critério conclusivo. Eu acrescentei que na época estava totalmente de acordo com Wilson e também por esse motivo não me havia me empenhado muito em buscar uma teoria satisfatória que fosse assintoticamente livre: achei oportuno lhe contar minha conversa com 't Hooft. Ele imediatamente captou tudo:

— Mas, Giorgio, você não pensou em usar a cor, como Gell-Mann propôs?

— Não.

— Não acredito!

— Nem me passou pela cabeça.

— Acho que deveria ter pensado um pouco mais.

Notas

Trabalhei muitos anos neste livro, nascido em torno de algumas entrevistas que dei para Anna Parisi. As entrevistas se tornaram esboços de capítulos, e aqui decidi reunir e desenvolver apenas os temas ligados às motivações do prêmio Nobel que recebi em outubro de 2021. Anna não é minha parente, mas me convenceu a envolver-me em diversos projetos de comunicação da ciência e me ajudou na redação de algumas seções do livro.

Três capítulos retomam, com algumas modificações, textos já publicados. "Trocas de metáforas entre física e biologia" e "Como nascem as ideias" eram originariamente palestras para dois congressos da Accademia dei Lincei, em Roma, respectivamente *Metáforas e símbolos na Ciência* (8-9 de maio de 2013) e *História natural da criatividade* (3-4 de junho de 2009), cujas atas foram reunidas em dois volumes, de 2014 e 2010, pela editora Scienze e Lettere. "O sentido da ciência", por sua vez, nasceu como artigo publicado com o título "A che serve la scienza" [Para que serve a ciência] na revista *Le Scienze* por ocasião de seu cinquentenário (setembro de 2018).

As frases de abertura dos capítulos provêm de entrevistas concedidas no decurso dos anos a Gabriele Beccaria e Francesco Vaccarino, Luisa Bonolis, Nuccio Ordine, a quem agradeço.

A seguir as referências bibliográficas a artigos e fontes citados nos vários capítulos.

VOANDO COM OS ESTORNINHOS [pp. 9-24]

O artigo em que apresentamos os primeiros resultados de nossas pesquisas é M. Ballerini, N. Cabibbo, R. Candelier et al., "Interaction ruling animal collective behavior depends on topological rather than metric distance: Evidence from a field study", *PNAS. Proceedings of the National Academy of Sciences*, 105 (4), pp. 1232-7, 2008.

A frase de Max Planck citada aparece numa carta de A. Sommerfeld a N. Bohr de 4 de outubro de 1913, em N. Bohr, *Collected Works*, v. II, org. por U. Hoyer, Elsevier Science, 1981.

A FÍSICA EM ROMA, HÁ MAIS OU MENOS CINQUENTA ANOS [pp. 25-38]

Os artigos nos quais em janeiro de 1964 Gell-Mann e Zweig propuseram independentemente o modelo de quarks são M. Gell-Mann, "A schematic model of baryons and mesons", *Physics Letters*, 8 (3), pp. 214-5, 1964, e G. Zweig, "An SU(3) model for strong interaction symmetry and its breaking", *Cern Report*, n. 8182/TH.401. A cor foi introduzida em O. W. Greenberg, "Spin and unitary-spin independence in a paraquark model of baryons and mesons, *Physical Review Letters*, 13 (20), pp. 598-602, 1964.

A metáfora do faisão e da vitela aparece em M. Gell-Mann, "The symmetry group of vector and axial vector currents", *Physics*, 1 (1), pp. 63-75, 1964.

TRANSIÇÕES DE FASE, OU OS FENÔMENOS COLETIVOS [pp. 39-53]

A respeito do grupo de renormalização, os artigos de Kenneth Wilson que mencionei são: K. G. Wilson, "Renormalization group and critical phenomena,

1. Renormalization group and the Kadanoff scaling Picture", *Physical Review B*, 4, 3174-83, 1971; "II. Phase-space cell analysis of critical behavior", *Physical Review B*, 4, 3184-205, 1971; "Renormalization group and strong interactions", *Physical Review D*, 3, 1818-46, 1971; "Feynman-graph expansion for critical exponentes", *Physical Review Letters*, 28, 9, 548-51, 1972; K. G. Wilson, M. E. Fisher, "Critical exponents in 3.99 dimensions", *Physical Review Letters*, 28, 4, 240-3, 1972.

VIDROS DE SPIN: A INTRODUÇÃO DA DESORDEM [pp. 55-75]

Os primeiros modelos de vidros de spin são os propostos em S. F. Edwards, P. W. Anderson, "Theory of spin glasses", *Journal of Physics F: Metal Physics*, 5 (5), pp. 965-74, 1975, e D. Sherrington, S. Kirkpatrick, "Solvable model of a spin-glass", *Physical Review Letters*, 35, 26, 1972-96, 1975.

Esta é a sequência das minhas contribuições: G. Parisi, "Toward a mean field theory for spin glasses", *Physics Letters A*, 73 (3), pp. 203-5, 1979; "Infinite number of order parameters for spin-glasses", *Physical Review Letters*, 43, 23, 1754-56, 1979; M. Mézard, G. Parisi, N. Sourlas, G. Toulouse, M. Virasoro, "Nature of the spin-glass phase", *Physical Review Letters*, 52, 13, 1156-9, 1984. O livro é M. Mézard, G. Parisi, M. Virasoro, *Spin Glass Theory and Beyond: An Introduction to the Replica Method and Its Applications*. Singapura: World Scientific Publishing Company, 1987.

Outras aplicações: G. Parisi, F. Zamponi, "Mean-field theory of hard sphere glasses and jamming", *Reviews of Modern Physics*, 82, 1, 789-845, 2010.

TROCAS DE METÁFORAS ENTRE FÍSICA E BIOLOGIA [pp. 77-80]

O artigo de A. D. Sokal, "Transgressing the Boundaries: Toward a Transformative Hermeneutics of Quantum Gravity", *Social Text*, 46-47, pp. 217-52, 1996, pode ser lido em www.jstor.org/stable/466856.

* * *

Eu não seria o cientista que sou sem a contribuição de meus professores, dos alunos, dos colegas com os quais estudei e trabalhei (não é preciso dizer que a pesquisa é também um fenômeno coletivo, um sistema complexo). Mencionei alguns no livro; a eles e às centenas que eu deveria citar aqui, correndo o risco de esquecer alguns, só posso expressar toda a minha gratidão.

ESTA OBRA FOI COMPOSTA PELA ABREU'S SYSTEM EM INES LIGHT
E IMPRESSA EM OFSETE PELA GRÁFICA SANTA MARTA SOBRE PAPEL PÓLEN BOLD
DA SUZANO S.A. PARA A EDITORA SCHWARCZ EM SETEMBRO DE 2022

A marca FSC® é a garantia de que a madeira utilizada na fabricação do papel deste livro provém de florestas que foram gerenciadas de maneira ambientalmente correta, socialmente justa e economicamente viável, além de outras fontes de origem controlada.